脉红螺生物学与增养殖技术

张 涛 宋 浩 薛东秀 杨美洁 于正林 著

科学出版社

北 京

内 容 简 介

　　本书综述了脉红螺分类地位和地理分布、外部形态、内部结构、生物学特点、生态学习性和增养殖产业研究现状,系统阐述了脉红螺遗传多样性与群体遗传结构特征,摄食、交配、产卵、潜沙和残食等行为学特征,幼虫孵化与发育规律,幼虫变态调控机制,以及脉红螺苗种繁育与增养殖技术,可为脉红螺增养殖产业发展提供理论基础和技术支持。

　　本书适合从事贝类学教学与研究的大专院校、科研院所人员,以及从事贝类养殖的技术人员参考阅读。

图书在版编目 (CIP) 数据

脉红螺生物学与增养殖技术/张涛等著. —北京:科学出版社, 2020.3
ISBN 978-7-03-064484-8

Ⅰ. ①脉… Ⅱ. ①张… Ⅲ. ①螺–海水养殖 Ⅳ. ①S966.28

中国版本图书馆 CIP 数据核字(2020)第 030301 号

责任编辑:朱 瑾　田明霞/责任校对:郑金红
责任印制:吴兆东 / 封面设计:无极书装

科学出版社 出版
北京东黄城根北街 16 号
邮政编码:100717
http://www.sciencep.com

北京虎彩文化传播有限公司 印刷
科学出版社发行　各地新华书店经销
*
2020 年 3 月第 一 版　　开本:B5 (720×1000)
2020 年 3 月第一次印刷　　印张:13
字数:262 000
定价:**168.00 元**
(如有印装质量问题, 我社负责调换)

《脉红螺生物学与增养殖技术》著者名单

主要著者： 张 涛 宋 浩 薛东秀 杨美洁 于正林

参与著者：（按姓氏笔画排序）

于正林 王平川 刘石林 孙丽娜 孙景春 杨红生

杨美洁 邱天龙 宋 浩 宋军鹏 张 涛 张立斌

张晓梅 奉 杰 林承刚 周 毅 胡 南 柏雨岑

班绍君 潘 洋 薛东秀

序

　　脉红螺是我国重要的经济贝类，但其育苗和增养殖技术还不成熟，远未实现产业化规模。我国脉红螺基础研究薄弱，缺乏相关的参考书籍资料。作者系统总结了十余年成果撰写完成此专著，系统阐述了脉红螺基础生物学和增养殖关键技术，重点论述了脉红螺遗传多样性与群体遗传结构特征，摄食、交配、产卵、潜沙和残食等行为学特征，幼体孵化与发育规律，幼体变态调控机理，以及脉红螺苗种繁育与增养殖技术，是我国脉红螺相关研究的首本专著，填补了我国脉红螺专著方面的空白。

　　该书内容丰富、论述清晰，具有较强的学术性和实用性，不仅可为我国脉红螺研究和增养殖提供基础知识和资料，同时对于其他经济螺类的研究也具有重要的参考价值，可作为从事海洋生物多样性、海洋生态、水产养殖等相关研究和技术人员、专业教师、相关专业研究生及工程技术人员等的参考书籍，为其研究及生产提供理论和技术支持，促进我国脉红螺相关研究和产业发展。

国家贝类产业技术体系首席专家

中国科学院海洋研究所研究员、博士生导师

2020 年 3 月 20 日于青岛

前　言

脉红螺俗称海螺、红螺，隶属于软体动物门、腹足纲、骨螺科，常栖息在我国辽宁至福建的近岸浅海泥沙底海区。脉红螺个体大、肉质鲜美，深受沿海地区人民喜爱，具有重要的经济价值。目前脉红螺的供应大部分依赖采捕野生资源。近年来，随着价格的不断提高，采捕强度越来越大，野生资源衰退严重。从 20 世纪 90 年代开始，我国就尝试进行脉红螺人工育苗，但出苗效率极低，远未实现产业化规模，严重影响了增养殖产业的发展。从亟须开展苗种繁育和增养殖技术研发角度，必须加强脉红螺基础生物学研究，为其人工繁育和增养殖技术研发等工作的开展奠定基础。

自 2009 年以来，作者团队对脉红螺生物学、生态学、行为学、群体遗传学、苗种繁育与增养殖技术等进行了系统研究，系统总结十余年成果撰写完成《脉红螺生物学与增养殖技术》专著。本书共分六章，第一章综合介绍了脉红螺分类地位和地理分布、外部形态、内部结构、生态学习性和增养殖产业研究现状；第二章到第五章分别介绍了脉红螺遗传多样性与群体遗传结构特征，摄食、交配、繁殖、潜沙和残食等行为学特征，幼体孵化与发育规律，幼体变态调控机理；第六章系统介绍了脉红螺苗种繁育技术与增养殖技术规范。希望本书可为脉红螺及贝类学研究人员和产业人员提供参考，敬请各位同仁提出宝贵意见。

本书研究内容得到国家自然科学基金项目（31972814）、国家贝类产业技术体系（CARS-49）、泰山产业领军人才工程专项、烟台市"双百计划"蓝色产业领军人才团队、中国博士后科学基金（2019M652498）以及山东省重点研发计划重大科技创新工程项目（2019JZZY020708）和山东省自然科学基金青年项目（ZR2019BD003）等资助，一并表示诚挚感谢！

由于编写组学识有限，不妥之处在所难免，敬请各位读者给予批评指正！

作　者

2020 年 1 月于青岛汇泉湾畔

目　　录

第一章 绪 论

第一节 分类地位和地理分布

脉红螺（*Rapana venosa*）属于软体动物门（Mollusca）腹足纲（Gastropoda）前鳃亚纲（Prosobranchia）新腹足目（Neogastropoda）骨螺科（Muricidae）红螺属（*Rapana*）。

在传统比较分类学中，对脉红螺的鉴定存在争议。早期，因为其外部形态特征与红螺（*Rapana bezoar*）类似，Reeve（1847）认为脉红螺是红螺的变异个体，后又被 Yen（1993）鉴定为红螺的亚种。杨建敏等（2010）对脉红螺与红螺的线粒体 16S rDNA 序列进行了比较，两者间遗传距离大于 0.5，属于种间标志值，认为脉红螺和红螺属于两个不同的种。

脉红螺由于不同的栖息地、底质及其他因素，自身形态的变异程度也比较大。渤海地区的脉红螺因为其棘强大，所以被 Grabau 和 King（1928）命名为"强棘红螺"（*Rapana pechiliensis*），李嘉泳（1959）也支持此命名。而张福绥（1980）通过比较生态分布、外部形态等特征，认为强棘红螺与脉红螺属同一种。程济民等（1988）对脉红螺和强棘红螺肝的 3 种同工酶进行了电泳研究，所得电泳图谱和描绘曲线完全一致。杨建敏等（2006，2008）通过对沿海 8 个脉红螺居群进行线粒体 16S rRNA 比较，支持强棘红螺是脉红螺的独立地方居群，达不到亚种水平。因此强棘红螺并不存在。

脉红螺是一种大型的经济螺类，自然分布于中国、韩国和日本沿海潮间带与潮下带的泥沙底质海域（张福绥，1980）。在我国主要分布于渤海、黄海海域，东海至台湾海域也有分布。脉红螺为暖温带种类，从潮间带至水深约 20m 的岩石岸及泥沙质的海底都有栖息（袁成玉，1992），在潮间带采到的多为幼体，成体栖息较深。基于脉红螺日积温推测南北半球 30°～41°纬度的海域为脉红螺群体生存和繁衍的适宜地理范围（Harding et al.，2007）。脉红螺是我国重要的海洋捕捞贝类，在青岛、大连的捕捞量较高。

脉红螺雌雄异体，雌雄比例接近 1∶1（Chuang et al.，2002）。脉红螺交配后，受精卵产于长刀形的革质透明软袋中。脉红螺产卵期内亲螺有多次交配和多次产卵行为，并且雌螺具有储存精子的习性（Xue et al.，2016）。脉红螺的生活史特征及其对温度和盐度耐受性广为其分布地区的扩展提供了可能，同时船舶压舱水也为脉红螺的迁移提供了有利条件，使得脉红螺具有很强的生物入侵性（Chandler et al., 2008; Xue et al., 2018）。20 世纪 40 年代，脉红螺在黑海海区首次被发现，随后入侵范围扩展到亚得里亚海、爱琴海、美国东海岸的切萨皮克湾，以及位于乌拉圭和阿根廷之间的拉普拉塔河。

脉红螺通过捕食当地的双壳贝类，影响入侵地区的生态系统，进而对当地生态及经济造成了消极的影响（Drapkin, 1963; Lercari and Bergamino, 2011; Pastorino et al., 2000）。

1. 黑海到亚得里亚海

在黑海海域中，脉红螺习见于 40m 深、有沙或者坚硬底质的基底中。常分布于亚速海的刻赤海峡，俄罗斯的塞瓦斯托波尔和雅尔塔，以及保加利亚和土耳其沿岸。

据推测，脉红螺第一次入侵黑海是在 20 世纪 40 年代，由 Drapkin 在 Novorossiysky Bay 首次发现，起初把它误认为红螺（*Rapana bezoar*）（Drapkin, 1963）。在黑海地区定居后，脉红螺可以通过船舶压舱水扩散，进一步扩散到其他海域。

20 世纪中后期，脉红螺沿高加索和克里米亚的海岸以及亚速海扩大分布范围，随后黑海的西北部（Zolotarev, 1996）、罗马尼亚、保加利亚和土耳其的海岸线都有脉红螺侵入（Grossu, 1970; Bilecik, 1975; Ciuhcin, 1984; Marinov, 1990; Zolotarev, 1996）。1986 年，在马尔马拉海（Zibrowius, 1991）和爱琴海（Koutsoubas and Voultsiadou-Koukoura, 1990）也相继发现了脉红螺种群。

2. 美国切萨皮克湾

1998 年，在切萨皮克湾的詹姆斯河下游首次发现脉红螺（Harding and Mann, 1999）。此后一直到 2002 年 3 月，切萨皮克湾下游都有脉红螺成螺被捕获。切萨皮克湾和黑海地区以及本土的脉红螺种群表现出高度的相似性，推测是从东部的地中海地区开往美洲的船只携带的压舱水，将地中海地区脉红螺的浮游幼体运输至此。

3. 南美洲拉普拉塔河

1999 年在里约拉普拉塔巴伊亚桑波伦绷湾北部发现有脉红螺个体（Pastorino et al., 2000）。同年，乌拉圭的科学家也发现一只单独存活的脉红螺个体（Scarabino, 1999）。此后，脉红螺在拉普拉塔河河口（帕拉纳河与乌拉圭河流的交汇处）和乌拉圭北部海岸（蒙得维的亚—埃斯特角城）广泛分布。

4. 法国布列塔尼海岸

脉红螺首次入侵法国布列塔尼海岸的时间是 1997 年。1998 年 6 月，在基伯龙湾潮下带地区也发现脉红螺成螺。基伯龙湾南部的渔民也捕获了脉红螺成螺。基伯龙湾水温为 18~22℃，盐度为 33~34，为幼体提供了一个很好的发育条件。1998~2001 年，布列塔尼地区发现有少量的脉红螺及其卵袋。入侵法国地区的脉红螺可能是从亚得里亚海随船与菲律宾粗锦蛤（*Tapes philippinarum*）一同运输过来的（ICES，2002）。

第二节 外 部 形 态

脉红螺壳体坚硬，沿缝合线整个壳体可分为螺旋部和体螺层两部分。螺旋部顶端突出的顶点即为壳顶，螺壳的生长由壳顶开始，围绕螺层中轴部分向下螺旋生长，并逐渐增大，其内盘曲生长脉红螺的内脏团。螺层的最后一层为体螺层，包含脉红螺的头部和足部，体螺层沿壳体中轴盘旋向前，在最前端的开口称为壳口。脉红螺壳外通常以淡褐色居多，内面颜色不一，其上有螺旋纹和生长线，前者是与螺旋平行的线条，后者则是相交于螺旋纹的纵轴线，同时有突出于螺壳表面的结节，螺层中轴末端外卷，于螺壳底部形成的褶皱小窝称为假脐。

亲螺的主要形态特征为贝壳较大，质坚厚。螺层约 7 层，缝合线浅，螺旋部小，体螺层膨大，基部收窄，个体较大者壳高可达 170~180mm。壳面除壳顶光滑外，其余具略均匀而低的螺肋和结节。每一螺层的中部及体螺层上部向外突出形成肩角，肩角上具有或强或弱的角状突起。在体螺层上通常具有 3~4 条略粗的肋，第一条最强，向下逐渐减弱，有的具有较弱的结节突起。壳表黄褐色，具有棕色或紫棕色斑点、花纹。壳口较大，内面杏黄色，有光泽。外唇上部薄，下部厚，向外伸展与绷带共同形成假脐。厣角质，核位于外侧（图 1-1）。

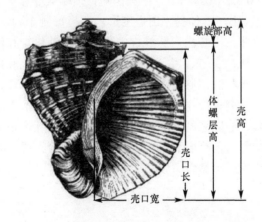

图 1-1　脉红螺外部形态

脉红螺的软体部主要由头部、足部和内脏团三部分组成。头部整体位于足部背面，且头上生有一对触角，脉红螺的眼是位于触角基部的黑色突起，头部有口，向内隐藏主要摄食器官——吻，摄食时，吻从口部伸出并用齿舌刮取食物；与其他腹足类特性相同，脉红螺足部巨大，位于软体部的最前端，足部通常黑色素含量高，是脉红螺运动的主要器官；连接在足部和头部之后的即为内脏团，沿螺旋部盘曲，有外套膜包裹，外套膜下亦有外套腔，依次连接水管与泄殖腔，保证生殖细胞与废物的排放。

第三节　内部结构

脉红螺齿式为（0.1.1.1.0）×131，中央齿短，顶端具 3 枚大型锥状齿尖，中央1 枚较大，两侧 2 枚较小，整体呈"山"字形。侧齿每侧 1 列，每枚侧齿基部宽，顶部呈尖锥状，稍弯曲。无缘齿。脉红螺消化系统由消化管和消化腺两大部分组成。消化管包括吻、咽、食道、胃、肠、直肠和肛门，消化腺包括唾液腺、副唾液腺、勒布灵氏腺、肝和肛门腺。中枢神经系统由食道神经环、脏神经节和两条侧脏神经连索构成，外周神经系统由外周神经和外周神经节构成。循环系统由心脏、动脉系统、血窦、静脉系统和血液组成。脉红螺雄性生殖系统由精巢、输精小管、贮精囊、输精管、前列腺、输精管外套和阴茎等组成；雌性生殖系统由卵巢、输卵小管、输卵管、纳精囊、蛋白腺和产卵器等组成。

一、循环系统

脉红螺心脏位于围心腔之中，围心腔处于栉鳃右后方。围心腔外有一层透明膜包被，称为围心腔膜。脉红螺心脏组成与鱼类相似，由一心室和一心耳组成。其中心耳位于心室前方，呈椭圆形，小于心室，心耳壁也薄于心室壁，心室则呈三角形，心耳和心室连接处有耳室孔。血液无色，血细胞均为变形细胞。由心室从心脏左侧腹内发出主动脉，并分成两支，一支向体前段延伸，为前主动脉；一支向后段延伸，为后主动脉。前主动脉较后主动脉更为粗大，两条主动脉又分出许多分支至螺体各器官，构成动脉系统。鳃中富含氧气的血液由出鳃血管运行到心耳后再进入心室，血中的氧气被各器官利用后，流向血窦。血窦中的血汇集之后，流入肾由入鳃血管流入鳃。经过鳃后，再次进行气体交换，含氧充足，经入鳃血管流入心耳（图1-2）。如此循环往复。

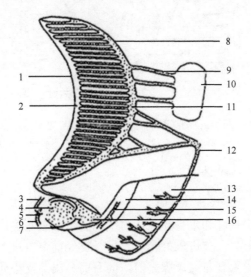

图1-2　肾、鳃、心脏的血液循环关系（背面观）（田力等，2001）

1. 鳃；2. 出鳃静脉；3. 前主动脉；4. 心室；5. 总动脉；6. 后主动脉；7. 围心腔；8. 外套膜小静脉；9. 肛门腺静脉；10. 肛门腺；11. 入肾静脉；12. 出肾静脉；13. 肾；14. 肾上腺；15. 出肾上腺静脉；16. 心耳

田力等（2001）将新鲜脉红螺活体状态下灌注10%～20%聚氯乙烯四氢呋喃溶液研究其循环系统。研究内容如下。

1. 动脉系统

动脉系统由前主动脉和后主动脉及其主要分支构成。

前主动脉的主要分支包括：后食道动脉、外套膜动脉、体壁动脉、勒布灵氏腺动脉、中食道动脉、直肠动脉、足动脉、口球动脉和阴茎动脉（图1-3）。

前主动脉沿心脏左下侧伸出，从外套腔穿过，沿食道前行后到达勒布灵氏腺后叶时，向右侧延伸，跨过食道之后，到达腺体，经过腺体后，沿着中食道向前延伸，分支形成足动脉和口球动脉。后食道动脉在前主动脉向右过后食道之前，

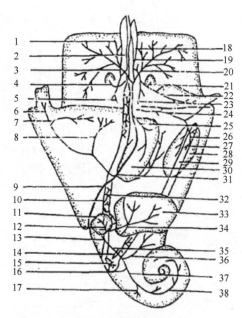

图 1-3　动脉系统背面观（田力等，2001）

1. 前食道动脉；2. 前食道；3. 足动脉左支；4、21. 触角动脉；5、23. 唾液腺动脉；6. 水管动脉；7. 外套膜动脉；8. 壳轴肌动脉；9. 前主动脉；10. 后食道；11. 心脏；12. 围心腔膜动脉；13. 后主动脉；14. 胃动脉；15. 胃；16. 肝总管动脉；17. 右肝叶动脉；18. 前食道；19. 吻壁动脉；20. 足动脉支；22. 阴茎动脉；24. 中食道动脉；25. 勒布灵氏腺动脉；26. 直肠动脉；27. 肛门腺动脉；28. 肛门腺；29. 直肠；30. 勒布灵氏腺；31. 体壁动脉；32. 后食道动脉；33. 肾；34. 肾动脉；35. 肠动脉；36. 左肝叶动脉；37、38. 生殖腺动脉

在右侧分出。外套膜动脉和水管动脉在前主动脉进入勒布灵氏腺之前，向左前侧分出一支动脉，它分为一支进入外套膜，另一支经前下方进入壳轴肌内，分布呈树枝状。前主动脉进入勒布灵氏腺之前，向右前分出一支小动脉，分布到螺体前部的体壁内。前主动脉在出此腺体前，分支出此动脉，然后它再分成三支，进入腺体的三个中叶。前主动脉在出勒布灵氏腺后立即向左前侧分出此动脉，分布到中食道壁，并在其上多次分支。前主动脉进入围食道神经环前，向右侧分出一支较粗的动脉，主支分布到直肠壁，为直肠动脉，它的一个分支分布到肛门腺，为肛门腺动脉。前主动脉通过围食道神经环后，分成三支，即足动脉左支、足动脉右支和口球动脉。口球动脉由前主动脉末端分出后，沿前食道前行，分布到口球。阴茎动脉和足动脉右支在基部分出阴茎动脉，分布到阴茎。

后主动脉的主要分支包括：围心腔膜动脉、肾动脉、胃动脉和肠动脉（图 1-3）。后主动脉从总动脉分出后，向右后侧行进，进入肝，并在肝内向后延伸，到达螺旋部末端。围心腔膜动脉在后主动脉分出，右行分布到围心腔膜上形成复杂分支。肾动脉与围心腔膜动脉起源相同，分布到肾。胃动脉和肠动脉分别由后主动脉在左肝叶内分出一支动脉，分成一支到胃壁，另一支到肠壁。此外，后主动脉分出的还有左肝叶动脉、右肝叶动脉、肝总管动脉、生殖腺动脉。

2. 静脉系统和血窦

主要的静脉系统和血窦包括：前背环静脉、足静脉、直肠静脉、后静脉、肾下血窦、入肾静脉、出肾静脉、入鳃静脉和出鳃静脉 [图 1-4（外套膜从背部中央剪开，拉回西侧）]。

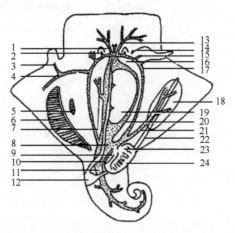

图 1-4　静脉系统背面观（田力等，2001）

1、14. 足部浅层静脉；2. 触角静脉；3. 水管静脉；4. 外套膜静脉；5. 嗅检器；6. 鳃；7. 壳轴肌静脉；8. 肾下血窦；9. 入肾上腺静脉；10. 肾上腺；11. 后主静脉；12. 胃；13. 足静脉；15. 阴茎静脉；16. 前主动脉；17. 前背环静脉；18. 肛门腺；19. 勒布灵氏腺；20. 食道；21. 直肠静脉；22. 直肠；23. 入肾静脉；24. 肾

血窦是进行物质交换的场所，血液到达血窦之后，经静脉流回肾和鳃，经出鳃静脉流回心耳。前背环静脉与肾下方的血窦连接相通，在组织中环状分布。与肾下方血窦相通的还有足静脉、直肠静脉、后静脉、入肾静脉。出肾上静脉和心耳相通，使缺氧血流回心耳。入鳃静脉位于外套膜和鳃的连接处，在鳃的右侧。鳃的左侧为出鳃静脉，和心耳相连（田力等，2001）。

二、神经系统

脉红螺的中枢神经系统由食道神经环、脏神经节和两条侧脏神经连索构成。外周神经系统由外周神经和外周神经节构成。李国华等（1990）对脉红螺的神经系统进行了初步研究。

1. 食道神经环

食道神经环由一对脑神经节、一对口球神经节、一对侧神经节、一对足神经节、一个食道下神经节和一个食道上神经节组成 [图 1-5（脑神经联合已剪断，脑神经节已翻向两侧）]。

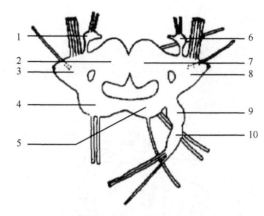

图 1-5　食道神经环（李国华等，1990）

1. 左口球神经节；2. 左足神经节；3. 左脑神经节；4. 左侧神经节；5. 食道下神经节；6. 右口球神经节；
7. 右足神经节；8. 右脑神经节；9. 右侧神经节；10. 食道上神经节

（1）脑神经节位于食道上方，每个神经节发出 5 条神经到达触角、背唇、侧唇、腹唇、吻等器官。它们是触角神经、背唇神经、侧唇神经、腹唇神经和吻神经。

（2）口球神经节位于脑神经节之前，通过脑口球神经连索与脑相连，并发出两条齿舌神经，到达齿舌肌。

（3）左侧神经节和右侧神经节位于食道之下。左侧神经节发出两条神经——水管神经和壳轴肌神经，分别到达水管和壳轴肌。右侧神经节没有神经发出，通过一个狭隘部和食道神经节相连。

（4）足神经节位于左侧神经节和食道下神经节下方，是最大的神经节，共一对，发出多条神经到足的各个部分，由一极短的足神经联合相连。

（5）食道下神经节共发出一条侧脏神经连索、两条外套神经和一条壳轴肌神经。

（6）食道上神经节位于右侧神经节后方，形状近似长椭圆形，发出一条侧脏神经连索、一条鳃神经、一条嗅检器神经，分别通至脏神经节、栉鳃和嗅检器。

2. 脏神经节

脏神经节位于内脏团前部，由左脏神经节、右脏神经节和生殖神经节组成（图 1-6）。

（1）左脏神经节共发出两条神经：一条围心腔神经和一条动脉神经。围心腔神经通至围心腔前壁，动脉神经通至前主动脉。

（2）右脏神经节共发出三条神经：一条围心腔神经、一条肾神经和一条生殖神经。围心腔神经通至围心腔底壁，肾神经通至肾，生殖神经通至纳精囊（雌）或贮精囊（雄）。

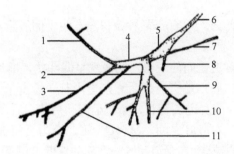

图1-6 脏神经节背面观（李国华等，1990）

1. 左侧脏神经连索；2. 右脏神经节；3. 动脉神经；4. 左脏神经节；5. 生殖神经节；6. 右侧脏神经连索；
7. 直肠神经；8、9. 生殖神经；10. 肾神经；11. 围心腔神经

（3）生殖神经节共发出两条神经：生殖神经和直肠神经。生殖神经通至纳精囊或贮精囊，直肠神经通至直肠（李国华等，1990）。

三、消化系统

脉红螺消化系统由吻、咽、食道、胃、肠、直肠、肛门、唾液腺、副唾液腺、勒布灵氏腺、肝和肛门腺组成（图1-7）。

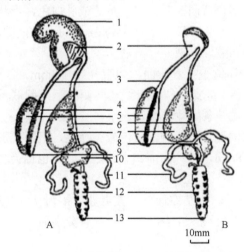

图1-7 消化系统构造图（侯林等，1991）

A. 背面观；B. 腹面观；1. 肝；2. 胃；3. 肠；4. 直肠；5. 肛门腺；6. 食道；7. 勒布灵氏腺；
8. 嗉囊；9. 肛门；10. 唾液腺；11. 副唾液腺；12. 吻；13. 口

消化系统可分为消化管和消化腺两大部分。

1. 消化管

消化管包括吻、咽、食道、胃、肠、直肠和肛门。

（1）口和吻：口在吻的前端开口，吻位于头部下方，足的背面。吻在摄食时

呈长管状，平时折在体内。口有一背唇瓣和左右两个侧唇瓣，三个唇瓣向后延伸通向口腔。

（2）咽为口腔与食道之间的短管，侧面观呈漏斗状，横切面呈"I"形。口腔内壁有一层角质层，口腔后端有一齿舌囊，囊内有一齿舌带。口腔后为短咽、前食道、嗉囊和后食道。前食道长管状，嗉囊呈倒葫芦状，后食道明显粗于前食道。

（3）胃镶嵌在左、右肝叶之间，呈"U"形，分为贲门部、胃体部和幽门部。胃内壁有很多具分叶的皱褶。在食道和肠管之间的胃壁上可见左、右肝管通入胃中。

（4）肠由胃发出后从左肝叶顶端穿过，沿肾前行，止于直肠。肠内壁有纵行皱褶。

（5）直肠呈圆管状，粗于肠，有较高的纵行皱褶。雄螺，直肠位于前列腺左侧；雌螺，直肠位于蛋白腺左侧。

（6）肛门是直肠达外套膜右侧边缘附近向外套腔突出的一短管，肛门即开口于短管末端，其组织结构与直肠相同。

2. 消化腺

消化腺包括唾液腺、副唾液腺、勒布灵氏腺、肝和肛门腺。

（1）唾液腺位于嗉囊背面，共一对，黄色或乳白色，形状不规则，由结缔组织把二者联系在一起。唾液腺管开口于口腔底部，每个唾液腺由10～20个小叶组成，可以分泌消化酶和酸性黏液。

（2）副唾液腺同样位于嗉囊背面，为直径约1.8mm的管状腺体，左右各一支，每支长50～80mm，每支由结缔组织与同侧的唾液腺联系在一起。两条副唾液腺在嗉囊腹面汇合成一条副唾液腺管通至口腔。

（3）勒布灵氏腺位于嗉囊后侧，紫色或黄绿色，呈圆锥形，为大型食道腺，长约32mm，宽约18mm，可分为前、中、后三叶，也称为食道腺，可以分泌消化酶和酸性黏多糖。

（4）肝黄色或褐色，分左右两叶，左叶小，右叶大。右肝叶有生殖腺附着其上，并共同覆盖一层浆膜。左右叶各有一肝管分别通入胃腔中。肝能分泌多种消化酶。

（5）肛门腺外形呈长带状，紫色，长约34mm，宽约8mm，紧贴直肠，镶嵌在直肠右侧的外套膜结缔组织层中，其末端开口于近肛门处的直肠内，作用不详（侯林和程济民，1991）。

四、生殖系统

脉红螺雌雄异体，可以根据是否有阴茎来辨别雌雄。

1. 雄性生殖系统

雄性生殖系统由 7 部分组成（图 1-8）。

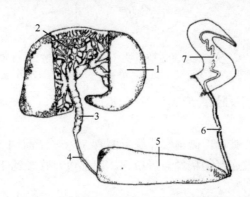

图 1-8 脉红螺雄性生殖系统（侯圣陶和程济民，1990）

1. 精巢；2. 输精小管；3. 贮精囊；4. 输精管；5. 前列腺和输精管外套段 I；6. 输精管外套段 II；7. 阴茎

（1）精巢位于内脏囊顶部，相当于 2~3 螺层。杏黄色，长 44~68mm，宽 25~170mm，厚 2.6mm。精巢由许多长管状生精小管构成，管径 0.5~0.8mm，少数有分支。生精小管上皮（即生殖上皮）外面围有一层类肌细胞。

（2）输精小管位于精巢底面，与生精小管相连，数目很多，联结成网。

（3）贮精囊位于精巢右内侧，为盘曲状的管子，长 10.8~17.5mm，管径 3.2~4.3mm。成熟精子多吸附于管腔上皮。

（4）输精管紧接贮精囊，线状，长 10~15.6mm，管径 0.8~1.1mm。

（5）前列腺和输精管外套段 I：前列腺为前端尖、后端钝圆的侧扁豆荚形腺体，长 32~38mm，中央部宽 10~12mm。在靠腺体腹缘有输精管外套段 I 通过。

（6）输精管外套段 II 从前列腺前端发出，伸达阴茎。管长 15~31mm，管径 1~1.4mm。

（7）阴茎位于头部右上方，靠近右触角。阴茎发达，形似鸟头，长 26~43mm，基部宽 10~12mm，顶端有生殖孔。

2. 雌性生殖系统

雌性生殖系统由 7 部分组成（图 1-9）。

（1）卵巢位于内脏囊顶部，相当于 1~2.5 螺层。杏黄色，长 47~86mm，最宽处 11~20mm，厚 3~6mm，由许多卵巢小管构成。卵的发育包括卵原细胞期、卵黄形成期和成熟期三个阶段。

（2）输卵小管与卵巢小管相接，细线状并交织成网。

（3）输卵管 I 段靠近螺轴，下行至肾中部处进入纳精囊。管长 12~21mm，

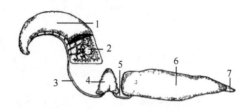

图 1-9　脉红螺雌性生殖系统（侯圣陶和程济民，1990）
1. 卵巢；2. 输卵小管；3. 输卵管 I 段；4. 纳精囊；5. 输卵管 II 段；6. 蛋白腺；7. 产卵器

管径 0.6～1.8mm。平时管壁形成 5～6 个褶凸入管腔，至产卵季节，管壁褶被拉开，管腔扩大。

（4）纳精囊呈心脏形，侧扁，边缘每侧有 5～6 个齿形小突起。

（5）输卵管 II 段连接纳精囊与蛋白腺。肉红色，管径约 1.2mm。整个管道内有 5～6 条纵褶。

（6）蛋白腺包括内部的精沟、蛋白腺本体及蛋白腺腔。

（7）产卵器为一尖圆锥状突起，长 39～65mm（侯圣陶和程济民，1990）。

第四节　生 态 习 性

脉红螺栖息于沿海近岸水区和潮间带，多在有牡蛎、中国蛤蜊、菲律宾蛤仔、竹蛏等双壳贝类出现的区域活动，并以其为食。幼螺多生活在低潮线附近岩石间，成螺多生活在低潮线以下数米深的海底，冬季多分散生活，并有潜入泥沙的习性。脉红螺在生长发育过程中受多种环境因素影响，主要包括温度、食物、盐度、天敌等。

一、温度

脉红螺生活在近岸潮间带，因此对水温变化的适应性较强。叶安发等（2008）研究了温度对脉红螺呼吸与排泄的影响。结果表明，脉红螺成螺可以适应温度从18℃到32℃的变化，具有一定的代谢调节能力，30℃是其生命活动最旺盛的温度，随着温度的升高，其排氨率也呈上升趋势。另外，温度对脉红螺摄食具有重要的影响，通常可表示为幂函数的关系，即在一定温度范围内，摄食率会随温度升高而显著呈幂函数增长（王平川等，2013）。

二、食物

脉红螺对于食物的种类和规格具有明显的选择性。Savini 和 Occhipintiambrogi（2006）在意大利切塞纳蒂科港的网箱实验中发现，对于地中海紫贻贝、菲律宾蛤仔和不等壳毛蚶，脉红螺趋向于选择小的不等壳毛蚶。刘吉明等（2003）在研究脉红螺生态习性时也发现，对于不同规格的青蛤、四角蛤蜊、文蛤和蓝蛤，脉红螺表现出喜食小个体的青蛤，而个体最小的蓝蛤没有被摄食。在潮间带生态系统中，脉红螺的这种摄食偏好可能会改变当地群落的结构，而且会影响滤食性贝类之间的相互竞争，并会产生长期的生态影响。这种摄食偏好对研究脉红螺的生物入侵和扩散有一定的参考意义。

王平川等（2013）认为温度和交配行为是影响脉红螺摄食的重要因素，在一定温度范围内，摄食率会随温度升高而显著呈幂函数增长。另外，随着性腺积温增加与营养积累，在交配期初始阶段，交配率较低，脉红螺摄食量升高，此时交配对脉红螺摄食的抑制尚不明显；交配期随后的阶段，脉红螺摄食量与交配率呈显著负相关关系。

脉红螺为肉食性贝类，主要摄食双壳贝类。壳长小于10mm的脉红螺通过齿舌的机械摩擦及分泌物的化学腐蚀作用在双壳贝类的贝壳上，通常是在闭壳肌上方的位置打孔而进行摄食；壳长大于34mm的脉红螺通过包裹猎物并分泌黏液的方式使猎物窒息而死并摄食之，其黏液中可能含有一定的毒素；而壳长为10～34mm的脉红螺，处于摄食方式的过渡时期，两种摄食方式均可见（Harding et al.，2007）。对凿贝孔形态学的研究发现，脉红螺留下的凿贝孔的外部直径显著大于同样大小的大西洋荔枝螺留下的凿贝孔直径，而且比大西洋荔枝螺的凿贝孔有更加垂直的侧面（Harding et al.，2007）。这种特点可以提供一个更有价值的方法去鉴定某一区域内脉红螺的种类，还可以为壳长在34mm以下的脉红螺生物入侵提供一种早期预警。

壳长34mm以上的脉红螺摄食双壳贝类的方式不同于福氏玉螺。福氏玉螺是先分泌消化液腐蚀贝壳，贝壳穿孔后吸食，因此在壳顶留下显著的小孔。脉红螺则是先用肥大的足将贝类包裹使其窒息进而打开贝壳，再用消化液将贝肉融化成透明胶质状后吸食，因而被脉红螺摄食后的贝壳上无孔（刘吉明等，2003）。

三、盐度

脉红螺的卵袋呈黄色，形似菊花，固着于岩石等物体上，卵袋对潮间带多变的生态环境也有一定的适应性。王军等（2003）研究了盐度对脉红螺卵袋幼体的孵出及浮游幼体存活和生长的影响。结果发现，脉红螺卵袋在盐度20～39.5内都可以孵出幼体，幼体存活和生长的适宜盐度为29.5～35.5，低于或高于此盐度范围，浮游幼体到第9天全部死亡。盐度为29.5时孵化幼体的壳高最大，为341μm。脉红螺孵化和浮游幼体生长的最适盐度约为29.5。

刚孵出的脉红螺面盘幼体营浮游生活。Mann和Harding（2003）在切萨皮克湾的研究观察中发现，脉红螺所有幼体阶段的最小致死盐度均是 15；低于该盐度，幼体的质量就会下降；当盐度为 7 时，脉红螺面盘幼体的成活率显著低于其他任何盐度下的成活率；当盐度大于 16 时，面盘幼体的成活率在不同盐度下没有显著区别。

四、天敌

1. 聚缩虫

脉红螺浮游幼体发育中后期是聚缩虫病高发期，一般在 8 月左右，此时水温超过 27℃，且降雨后 1～2d、盐度下降时，聚缩虫会大量繁殖。聚缩虫以基部附着于浮游幼体壳上，随着幼体在养殖池内浮游，聚缩虫大量抢夺浮游幼体单细胞藻类饵料，并通过分枝和释放孢子的方式快速繁殖。严重时整个浮游幼体壳上全部长满树枝状的聚缩虫，肉眼见为小片棉絮状物体浮在水中。当幼体面盘无法带动壳上附着的聚缩虫群体时，幼体下沉池底死亡。发病严重时，池内 90% 以上的浮游幼体壳上会不同程度地长有聚缩虫。但是，当脉红螺幼体附着变态后，食性转换为肉食性，聚缩虫无法获得合适的饵料而逐渐死亡（杨大佐等，2007）。对聚缩虫的毒性试验表明，聚缩虫比脉红螺幼体对福尔马林敏感，甲醛为 10～20mg/kg 时，聚缩虫死亡率大于 50%，而脉红螺浮游幼体则可以正常成活。因此当聚缩虫病大量发生时，可用筛绢网收集幼体，在 20mg/kg 浓度的甲醛中浸泡 30～60min 进行治疗，之后将网内幼体放入新鲜养殖池内继续培育。然而此效果也不尽理想，杀灭聚缩虫的能力不强，并且会对幼体产生一定的影响。因此在养殖中要坚持预防为主的原则，确保换水量以改善水质。

2. 蓝蟹、青蟹、虎虾等甲壳类动物

脉红螺的自然天敌是蓝蟹、青蟹、虎虾等甲壳类动物。在美国弗吉尼亚州东南部汉普顿锚地的切萨皮克海湾，脉红螺壳长最大为 150mm 左右（Harding et al.，2003），壳厚足以抵御捕食者的攻击。但是，稚螺的贝壳却不足以防御体型相对较大的甲壳类的攻击。

Harding 等（2003）选择了 3 种大小的蓝蟹和 2 种年龄的稚螺进行摄食实验。结果发现，1 龄稚螺可被大、中、小 3 种规格的蓝蟹摄食；2 龄稚螺只被中型和大型蓝蟹摄食；壳长小于 35mm 的稚螺可被所有规格的蓝蟹捕食，在切萨皮克湾稚螺的壳长大于 55mm 标志着对蓝蟹的摄食行为有一定的防御性，但直到 3 龄才能完全防御捕食者。在捕食方式上，1 龄稚螺的壳被蓝蟹完全夹碎；2 龄稚螺的壳有缺口或半边完整，然后被捕食者取出软体部。蓝蟹对脉红螺稚螺的捕食可以为北美洲大西洋海岸和切萨皮克湾地区提供一种控制脉红螺增殖和扩散的自然手段。

第五节　养殖现状

脉红螺分布于我国渤海、黄海地区。其足部特别肥大，味道鲜美，营养丰富，甚为人们所喜爱，经济价值高。我国脉红螺人工养殖开始于 1992 年，但多失败了，出苗率极低，远未实现产业化。近些年来，由于自然海区资源的下降和产品远销国外，脉红螺活体价格可达 20～40 元/kg，经济价值不断提高。

一、养殖技术现状

我国从 20 世纪 90 年代开始对脉红螺人工育苗和增养殖进行研究。魏利平等（1999）于 1995～1997 年对脉红螺的发育进行了详细描述，为其人工育苗奠定了基础。脉红螺养殖方式主要有海底围养法、筏式养殖法、陆上池养法、与其他生物（如中国对虾）混养法。上述养殖方式均属于粗放式养殖。90 年代，有些科研单位和育苗企业开始尝试脉红螺人工育苗，但多失败了，出苗率极低，未实现工业化规模。2010～2015 年，中国科学院海洋研究所与山东省蓝色海洋科技股份有限公司共同开展的"脉红螺人工苗种繁育和增养殖技术"解决了亲螺性腺促熟、幼体培育、附着变态、苗种规模化中间培育和增养殖等关键技术，研制出了具有自主知识产权的脉红螺工厂化育苗的采苗设施及方法，建立了脉红螺规模化高效苗种繁育和增养殖技术体系。2015 年，幼体变态率达到 60%以上，苗种中间培育成活率达到 57%；培育出壳高 1.5～3.0mm 的稚螺 900 余万粒，平均出苗量 1.5 万粒/m³ 水体；培育出脉红螺商品苗 510 余万粒，平均壳高（32.53±6.57）mm；进行了不同壳色脉红螺新品系选育工作，初步筛选出红色、白色和黑色三个脉红螺新品系；建立了池塘参螺混养示范基地 100 亩①，人工鱼礁区脉红螺增养殖示范基地 2 万余亩，有力地促进了脉红螺增养殖产业持续、健康发展，并即将进行产业中试。

二、产业存在的问题

脉红螺产业经过二十几年的发展，产量和规模都有所上升，但仍然存在一些问题。

（一）亲螺数量匮乏

脉红螺所用的亲螺大多来自野生捕捞，来源难以保证。近些年来，随着人工捕捞加剧，野生脉红螺的数量日益减少。良种数量少，并且来源覆盖率低。良种来源严重制约着产业的发展，与生产相脱节，造成脉红螺幼体附着变态率低、出

---

① 1 亩≈666.7m²

苗率低、单位产量低,严重制约着脉红螺养殖业的发展。

(二)养殖技术有待提高

传统脉红螺养殖方式大多是粗放式养殖,单位产量难以实现工厂化规模。脉红螺苗种关键技术难以突破,工厂化养殖苗种附着变态时出现大量死亡现象,出苗率极低。育苗厂家缺少计划性和稳定性,每年的苗种供应数量波动很大,造成市场上苗种价格浮动。育苗厂家的规模和技术参差不齐,生产装备、管理水平、生产技术普遍低下。脉红螺育苗的总体技术水平不高。

(三)预防病害不完善

聚缩虫是脉红螺浮游幼体发育中后期的天敌。聚缩虫以基部附着于浮游幼体壳上,随着幼体在养殖池内浮游,聚缩虫大量抢夺幼体单细胞藻类饵料,并通过分枝和释放孢子的方式快速繁殖。当幼体面盘无法带动壳上附着的聚缩虫群体时,幼体下沉池底死亡。发病严重时,池内90%以上的浮游幼体壳上会不同程度地长有聚缩虫。当聚缩虫大量爆发时,目前没有合适的方法在不损害脉红螺幼体的前提下进行有效灭杀。只能加强通过日常管理中的盐度控制、水过滤和倒池等操作预防聚缩虫爆发。

(四)食品安全问题

脉红螺能够富集双壳贝类体内的毒素,同时对重金属也有一定的富集作用。在脉红螺加工过程中,人工饲料、天然饵料中重金属的含量较高,容易在脉红螺体内富集。目前,脉红螺销售市场管理不规范,配套的法律法规还不完善。产品进入市场前缺少严格的产品准入制度和产品溯源体系。脉红螺食品安全技术体系和卫生预报系统还不健全。

三、产业发展意见

(一)选育优质亲螺

通过选育红色、白色和黑色三个速生脉红螺新品系,来提高苗种生产中的生长率、附着变态率和出苗率。通过分子手段研究脉红螺遗传、生长机制辅助育种技术,建立优质的亲螺种质库。对自然海区的脉红螺资源加以保护,提高其覆盖率。加强对优良品种脉红螺的研究,保护优质亲螺资源。

(二)提高养殖技术

研究脉红螺工厂化高效苗种培育技术。优化海区、池塘和工厂车间的环境设施,完善大规模苗种培育技术体系,提高苗种的质量和产量,研发脉红螺苗种繁育新技术，促进优质脉红螺苗种的良种化和产业化。

（三）预防病害

在苗种养殖过程中，要加强日常管理，防治优于治疗。出现问题后，查明原因。加强对脉红螺主要病原体的基础研究，了解发病特征和治病条件，从根本上防止病原入侵。建立可靠、精准的病害检测体系，早发现早处理。

（四）加大食品安全监管力度

深刻认识水产品质量安全管理的重要意义，明确水产品质量安全管理的指导思想和目标任务，实行水产品无公害生产，保证消费者安全。强化水产环境的管理，严禁使用不符合规定的水体进行水产养殖。加大水产食品流通领域的监督力度，加快无公害水产品产地认定和产品认证工作。

主要参考文献

程济民, 侯圣陶, 张维民, 等. 1988. 脉红螺与"强棘红螺"三种同工酶的比较研究. 海洋科学, (2): 50-53.

侯林, 程济民. 1991. 脉红螺消化系统的形态学研究. 动物学报, 37(1): 7-15.

侯圣陶, 程济民. 1990. 脉红螺 *Rapana venosa* (Valenciennes) 生殖系统的组织解剖学研究. 动物学报, 36(4): 399-405.

李国华, 程济民, 侯林, 等. 1990. 脉红螺(*Rapana venosa*)神经系统解剖的初步研究. 动物学报, 36(4): 345-351.

李嘉泳. 1959. 强棘红螺的生殖和胚胎发育. 中国海洋大学学报(自然科学版), 1(1): 92-130.

刘吉明, 任福海, 杨辉. 2003. 脉红螺生态习性的初步研究. 水产科学, 22(1): 17-18.

田力, 关宝丽, 郎艳燕, 等. 2001. 脉红螺 *Rapana venosa* 循环系统的解剖研究. 解剖学进展, 7(4): 319-322.

王军, 王志松, 董颖, 等. 2003. 盐度对脉红螺卵袋幼体的孵出及浮游幼体存活和生长的影响. 水产科学, 22(5): 9-11.

王平川, 张立斌, 潘洋, 等. 2013. 脉红螺摄食节律的研究. 水产学报, 37(12): 1807-1814.

魏利平, 邱盛尧, 王宝钢, 等. 1999. 脉红螺繁殖生物学的研究. 水产学报, 23(2): 150-155.

杨大佐, 周一兵, 管兆成, 等. 2007. 脉红螺工厂化人工育苗试验. 水产科学, 26(4): 237-239.

杨德渐. 1999. 海洋无脊椎动物学. 青岛: 中国海洋大学出版社.

杨红生, 周毅, 张涛. 2014. 刺参生物学: 理论与实践. 北京: 科学出版社.

杨建敏, 李琪, 郑小东, 等. 2008. 中国沿海脉红螺(*Rapana venosa*)自然群体线粒体 DNA 16S rRNA 遗传特性研究. 海洋与湖沼, (3): 257-262.

杨建敏, 郑小东, 李琪, 等. 2006. 中国沿海脉红螺(*Rapana venosa*)居群数量性状遗传多样性研究. 海洋与湖沼, (5): 385-392.

杨建敏, 郑小东, 李琪, 等. 2010. 基于 mtDNA 16S rRNA 序列的脉红螺(*Rapana venosa*)与红螺(*R. bezoar*)的分类学研究. 海洋与湖沼, 41(5): 748-755.

叶安发, 周一兵, 代智能, 等. 2008. 温度和体重对脉红螺呼吸和排泄的影响. 大连水产学院学报, 23(5): 364-369.

袁成玉. 1992. 脉红螺的养殖技术初探 I.——脉红螺的自然海区人工采苗技术. 水产科学, (9): 16-18.

张福绥. 1980. 中国近海骨螺科的研究III. 红螺属. 海洋科学集刊, 16: 113-123.

波部, 忠重. 1944. 日本産海産腹足類の卵及び幼生の研究 (1). 貝類學雜誌, 13: 187-194.

Bilecik N. 1975. La répartition de *Rapana thomasiana thomasiana* Grosse sur le littoral turc de la Mer Noire s'étendant d'Iğneada jusqu'à Çalti Burnu. Rapp Comm int Mer Médit, 23(2): 169-171.

Carranza A, de Mello C, Ligrone A, et al. 2010. Observations on the invading gastropod *Rapana venosa* in Punta del Este, Maldonado Bay, Uruguay. Biological Invasions, 12(5): 995-998.

Chandler E A, McDowell J R, Graves J E. 2008. Genetically monomorphic invasive populations of the rapa whelk, *Rapana venosa*. Molecular Ecology, 17(18): 4079-4091.

Chen Y, Ke C H, Zhou S Q, et al. 2004. Embryonic and larval development of *Babylonia formosae habei* (Altena and Gittenberger, 1981) (Gastropoda: Buccinidae) on China's coast. Acta Oceanologica Sinica, 23(3): 521-531.

Chung E Y, Kim S Y, Park K H, et al. 2002. Sexual maturation, spawning and deposition of the egg capsules of the female purple shell, *Rapana venosa* (Gastropoda: Muricidae). Malacologia, 44: 241-257.

Ciuhcin V D. 1984. Ecology of the gastropod molluscs of the Black Sea. Academy of Sciences of the USSR, Kiev Naukova Dumka: 175. (In Russian)

Drapkin E. 1963. Effect of *Rapana bezoar* Linne (Mollusca, Muricidae) on the Black Sea fauna. Doklady Akademii Nauk Ssr, 151: 700-703.

Dunker W B R H. 1882. Index Molluscorum Maris Japonici Conscriptus Et Tabulis Iconum; XVI Illustratus.

Grabau A W, King S G. 1928. Shells of Peitaiho. Peking: Peking Leader Press: 1-279.

Grossu A. 1970. Two species recently discovered invading the Black Sea. Of Sea and Shore, 1: 43-44.

Harding J M. 2006. Growth and development of veined rapa whelk *Rapana venosa* veligers. Journal of Shellfish Research, 25(3): 941-946.

Harding J M, Kingsley-Smith P, Savini D. 2007. Comparison of predation signatures left by Atlantic oyster drills (*Urosalpinx cinerea* Say, Muricidae) and veined rapa whelks (*Rapana venosa* Valenciennes, Muricidae) in bivalve prey. Journal of Experimental Marine Biology and Ecology, 352: 1-11.

Harding J M, Mann R. 1999. Observations on the biology of the veined rapa whelk, *Rapana venosa* (Valenciennes, 1846) in the Chesapeake Bay. Journal of Shellfish Research, 18(1): 9-17.

Hirase Y. 1907. On Japanese marine molluscs (Viii). The Conchological Magazine, 1(8): 239-296.

ICES. 2002. Report of the Working Group on Introductions and Transfer of Marine Organisms. ICES CM. 2002/ACME: 06.

Ito K, Asakawa M, Beppu R. 2004. PSP-toxicification of the carnivorous gastropod *Rapana venosa* inhabiting the estuary of Nikoh River, Hiroshima Bay, Hiroshima Prefecture, Japan. Marine Pollution Bulletin, 48: 1116-1121.

Kerckhof F, Vink R J, Nieweg D C. 2006. The veined whelk *Rapana venosa* has reached the North Sea. Aquatic Invasions, 1: 35-37.

Koutsoubas D, Voultsiadou-Koukoura E. 1990. The occurrence of *Rapana venosa* (Valenciennes, 1846) (Gastropoda, Thaididae) in the Aegean Sea. Bolletino Malacologico, 26(10-12): 201-204.

Lercari D, Bergamino L. 2011. Impacts of two invasive mollusks, *Rapana venosa* (Gastropoda) and *Corbicula fluminea* (Bivalvia), on the food web structure of the Río de la Plata estuary and nearshore oceanic ecosystem. Biological Invasions, 13: 2053-2061.

Liang L N, He B, Jiang G B. 2004. Evaluation of mollusks as biomonitors to investigate heavy metal contaminations along the Chinese Bohai Sea. Science of the Total Environment, 324: 105-113.

Mann R, Harding J M. 2003. Salinity tolerance of larval *Rapana venosa*: implications for dispersal and establishment of an invading predatory gastropod on the North American Atlantic Coast. Marine Biological Laboratory, 204: 96-103.

Mann R, Harding J M, Westcott E. 2006. Occurrence of imposex and seasonal patterns of gametogenesis in the invading veined rapa whelk *Rapana venosa* from Chesapeake Bay, USA. Marine Ecology Progress Series, 310: 129-138.

Marinov T M. 1990. The Zoobenthos from the Bulgarian Sector of the Black Sea. Sofia: Bulgarian Academy of Sciences Publication: 195.

Onat B, Topcuoğlu S. 1999. A laboratory study of Zn and ^{134}Cs depuration by the sea snail (*Rapana venosa*). Journal of Environmental Radioactivity, 46: 201-206.

Pastorino G, Penchaszadeh P E, Schejter L, et al. 2000. *Rapana venosa* (Valenciennes, 1846) (Mollusca: Muricidae): a new gastropod in south Atlantic waters. Journal of Shellfish Research, 19: 897-900.

Pilsbry H A, Stearns F. 2012. Catalogue of the marine mollusks of Japan: with descriptions of new species and notes on others collected by frederick stearns. Science, 2: 855-856.

Reeve L A. 1847. Monograph of the Genus Turbinella. Icon, 4.

Savini D, Occhipintiambrogi A. 2006. Consumption rates and prey preference of the invasive gastropod *Rapana venosa* in the Northern Adriatic Sea. Helgol Mar Res, 60: 153-159.

Scarabino F, Menafra R, Etchegaray P. 1999. Presence of *Rapana venosa* (Valenciennes, 1846) (Gastropoda: Muricidae) in the Rio de la Plata. Bull Urug Zool Soc, 11: 40.

Xue D, Zhang T, Liu J. 2016. Influences of population density on polyandry and patterns of sperm usage in the marine gastropod *Rapana venosa*. Scientific Reports, 6: 23461.

Yokoyama M. 1922. Fossils from the Upper Musashino of Kazusa and Shimosa. Journal of the College of Science, Tokyo Imperial University, 44: 1-200.

Zibrowius H. 1991. Ongoing modification of the Mediterranean marine fauna and flora by the establishment of exotic species. Mésogée, 51: 83-107.

Zolotarev V. 1996. The Black Sea ecosystem changes related to the introduction of new mollusc species. P. S. Z. N. I: Marine Ecology, 17(1-3): 227-236.

第二章　脉红螺遗传多样性

第一节　基于形态学和线粒体基因的多样性特征

脉红螺壳口颜色主要分为 3 种：纯黑白条纹、橙红色及中间类型。为探讨 3 种壳口颜色的脉红螺是否存在形态和遗传差异，本节对不同壳口颜色脉红螺各形态指标之间及它们与湿重之间的关系进行了分析，同时结合线粒体 16S rRNA 与 *COI* 基因片段差异对 3 种表型脉红螺间的差异进行探讨，以期掌握更多的种内差异资料，为脉红螺的分类和遗传育种提供理论依据。

一、3 种壳口颜色脉红螺的形态学特征

脉红螺根据壳口颜色，主要分为 3 种类型：①黑白条纹螺（B），壳口内部沿体螺层有黑白相间的平行条纹；②橙色螺（O），壳口内部呈橙红色，无黑色条纹；③中间色螺（I），介于二者之间，壳口内部呈橙红色，黑色条纹不明显，或在靠近壳口外唇处有平行的黑色条纹但不贯穿整个体螺层（图 2-1）。

B　　　　　　I　　　　　　O

图 2-1　3 种壳口颜色的脉红螺（班绍君等，2012）

用游标卡尺对 211 个脉红螺样品进行形态指标的测量，精度为 0.01mm。每个脉红螺均测量壳高（SH）、体螺层高（BWH）、螺旋部高（SL）、壳口长（AL）、壳口宽（AW）、厣宽（OW）、厣高（OH）7 个形态指标，各形态特征见图 2-2。用电子天平称取每个个体湿重（BW）后取出全部软体部并称量壳重（Cheung and Lam，1995）。

图 2-2　脉红螺壳（左图）和厣（右图）的形态测量（班绍君等，2012）

　　为了消除脉红螺不同个体之间大小差异所带来的影响，以个体形态参数的相对比值作为脉红螺形态判别和分析指标，共考察了 15 个形态学特征指数（BWH/SH、AL/SH、AW/SH、OW/SH、OH/SH、AL/BWH、AW/BWH、OW/BWH、OH/BWH、AW/AL、OW/AL、OH/AL、OW/AW、OH/AW、OH/OW），以及 4 个生物学相关变量（BW/SH、BW/BWH、BW/AL、BW/AW）（杨建敏等，2006）。出肉率（K）=（BW–SW）/BW。

　　采用 SPSS 软件对各形态指标、标准化数据及出肉率进行方差分析和多重比较；通过对各形态学指标之间及其与湿重的相关分析，进行通径分析，从而建立脉红螺形态指标对湿重的最优多元回归方程（孙秀俊等，2008；吴彪等，2011）。采用 Statistica 6.0 软件中的 UPGMA 法和 City-block 距离，根据各形态特征均值对 3 种壳色脉红螺进行聚类分析（蔡立哲和王雯，2010）。

（一）方差分析和多重比较

　　各形态指标和出肉率的分析结果显示，3 种脉红螺在形态特征上具有显著性差异，见表 2-1。

表 2-1　3 种壳口颜色脉红螺性状表型的参数统计（班绍君等，2012）

参数	B	I	O	参数	B	I	O
SH	75.42±2.49[a]	91.25±3.11[a]	100.08±2.64[c]	OH	22.88±0.79[a]	20.01±1.17[bc]	29.63±0.87[c]
BWH	65.57±2.24[a]	78.60±2.81[a]	86.67±2.30[c]	BW	88.33±6.33[a]	122.88±8.50[b]	156.78±8.69[c]
AL	59.28±2.29[a]	72.19±2.73[c]	80.01±2.24[c]	SW	49.70±31.60[a]	73.71±5.06[c]	98.78±5.37[c]
AW	33.02±1.36[a]	39.22±8.95[c]	43.64±1.24[c]	K	0.35±0.014[a]	0.38±0.014[a]	0.36±0.008[a]
OW	36.90±1.24[a]	39.71±1.52[c]	40.23±1.21[c]				

　　注：B 为"黑白条纹螺"，I 为"中间色螺"，O 为"橙色螺"。同一行数据右上角的相同字母表示差异不显著（$P > 0.05$）；相邻字母表示差异显著（$P < 0.05$）；相间字母表示差异极显著（$P < 0.01$）

对标准化数据进行分析（表2-2），3种螺在BWH/SH、AL/SH、AW/SH、AL/BWH、AW/BWH、OW/BWH、AW/AL、OW/AL、OW/AW 9个形态特征指数上，两两之间均未有显著差异（$P>0.05$）；剩余6个形态特征指数具有显著差异，这6个形态指数均与厣宽（OW）或厣高（OH）相关。3种壳口颜色脉红螺的形态特征是相似的，而厣的形状只在一定的范围内保持稳定。而在BW/SH、BW/BWH、BW/AL、BW/AW 4个生物学相关变量上，B组与I组、O组之间均具有极显著差异（$P<0.01$）；I组与O组之间具有显著差异（$P<0.05$）。表明三者的壳重具有显著差异，但是三者之间的出肉率不具有显著差异，即壳重和肉重的比例不具有显著差异。

表2-2 3种壳口颜色脉红螺标准化数据的参数统计（班绍君等，2012）

参数	B	I	O	参数	B	I	O
BWH/SH	0.87±0.003 [a]	0.86±0.005 [a]	0.80±0.002 [a]	OW/AL	0.60±0.004 [a]	0.55±0.005 [a]	0.56±0.005 [a]
AL/SH	0.79±0.006 [a]	0.79±0.008 [a]	0.80±0.006 [a]	OH/AL	0.35±0.003 [a]	0.36±0.004 [ac]	0.37±0.004 [c]
AW/SH	0.43±0.007 [a]	0.43±0.006 [a]	0.44±0.004 [a]	OW/AW	1.03±0.011 [a]	1.02±0.018 [a]	1.02±0.010 [a]
OW/SH	0.15±0.005 [a]	0.13±0.038 [c]	0.44±0.003 [ac]	OH/AW	0.63±0.007 [a]	0.67+0.012 [bc]	0.68+0.008 [c]
OH/SH	0.28±0.003 [a]	0.29±0.005 [ac]	0.29±0.003 [c]	OH/OW	0.62±0.006 [a]	0.67±0.022 [c]	0.67±0.009 [c]
AL/BWH	0.91±0.005 [a]	0.92±0.007 [a]	0.92±0.005 [a]	BW/SH	0.59±0.031 [a]	0.77±0.039 [c]	0.94±0.040 [d]
AW/BWH	0.50±0.007 [a]	0.50±0.006 [a]	0.50±0.004 [a]	BW/BWH	0.68±0.036 [a]	0.89±0.044 [c]	1.08±0.046 [d]
OW/BWH	0.52±0.005 [a]	0.50±0.007 [a]	0.51±0.003 [a]	BW/AL	0.71±0.038 [a]	0.96±0.049 [c]	1.16±0.048 [d]
OH/BWH	0.32±0.003 [a]	0.34±0.006 [bc]	0.34±0.003 [c]	BW/AW	1.35±0.067 [a]	1.79±0.088 [c]	2.14±0.087 [d]
AW/AL	0.54±0.008 [a]	0.54±0.006 [a]	0.54±0.003 [a]				

注：同一行数据右上角的相同字母表示差异不显著（$P>0.05$）；相邻字母表示差异显著（$P<0.05$）；相间字母表示差异极显著（$P<0.01$）

（二）形态指标对湿重的影响效果分析

对3种脉红螺的各形态指标之间及它们与湿重之间的相关关系进行分析，结果如表2-3所示。3种脉红螺的所有形态指标均达到极显著相关水平（$P<0.01$）。

表2-3 3种壳口颜色脉红螺性状间表型相关系数（班绍君等，2012）

		SH	BWH	AL	AW	OW	OH	BW
	SH	1.000	0.997	0.990	0.926	0.971	0.967	0.940
	BWH		1.000	0.995	0.933	0.979	0.976	0.946
	AL			1.000	0.934	0.979	0.971	0.948
B	AW				1.000	0.889	0.887	0.937
	OW					1.000	0.962	0.933
	OH						1.000	0.916
	BW							1.000

续表

		SH	BWH	AL	AW	OW	OH	BW
	SH	1.000	0.989	0.972	0.924	0.923	0.919	0.917
	BWH		1.000	0.982	0.950	0.931	0.914	0.926
	AL			1.000	0.950	0.970	0.965	0.948
I	AW				1.000	0.872	0.900	0.930
	OW					1.000	0.773	0.869
	OH						1.000	0.902
	BW							1.000
	SH	1.000	0.994	0.965	0.947	0.950	0.953	0.865
	BWH		1.000	0.978	0.959	0.951	0.959	0.885
	AL			1.000	0.980	0.955	0.958	0.925
O	AW				1.000	0.941	0.935	0.914
	OW					1.000	0.922	0.885
	OH						1.000	0.889
	BW							1.000

相关系数反映了各形态指标之间及其与湿重间确实存在依存关系，通径分析可以进一步将这种关系量化。对"黑白条纹螺"的各形态指标（壳长、体螺层、壳口长、壳口宽、厣宽和厣高）相对于湿重的通径系数进行显著性分析，发现只有壳口宽具有极显著差异（$P<0.01$），其余通径系数均不具有显著差异，说明壳口宽对"黑白条纹螺"湿重的直接影响最大；"中间色螺"壳口长的通径系数差异最大，但不显著（$P>0.05$），表明壳口长对"中间色螺"湿重的影响最大，但影响不显著；"橙色螺"壳长的通径系数差异最大，但不显著（$P>0.05$），表明壳长对"橙色螺"湿重的影响最大，但影响不显著。

为进一步阐明各形态指标与湿重的关系，将脉红螺的形态指标（X_i）与湿重（Y）的相关系数（r_{ij}）剖分为各性状的直接作用（通径系数 P_i）和某一性状通过其他形态性状的间接作用（$\sum r_{ij}P_j$）两部分，即 $r_{ij}=P_i+\sum r_{ij}P_j$，结果见表 2-4。

表 2-4　3 种壳口颜色脉红螺形态性状对湿重的影响比较（班绍君等，2012）

		相关系数	直接作用	间接作用						
				SH	BWH	AL	AW	OW	OH	总和
	SH	0.940	0.340	—	−0.122	0.373	0.414	0.149	−0.124	0.689
	BWH	0.946	−0.123	0.339	—	0.375	0.417	0.150	−0.125	1.155
B	AL	0.948	0.377	0.336	−0.122	—	0.417	0.150	−0.125	0.657
	AW	0.937	0.447	0.315	−0.114	0.352	—	0.136	−0.114	0.575
	OW	0.933	0.153	0.330	−0.120	0.369	0.397	—	−0.124	0.853
	OH	0.916	−0.128	0.329	−0.120	0.366	0.396	0.147	—	1.119

续表

		相关系数	直接作用	间接作用						
				SH	BWH	AL	AW	OW	OH	总和
I	SH	0.917	0.061	—	−0.519	0.675	0.304	0.134	0.267	0.861
	BWH	0.926	−0.525	0.060	—	0.681	0.313	0.135	0.265	1.455
	AL	0.948	0.694	0.059	−0.516	—	0.313	0.141	0.280	0.278
	AW	0.930	0.329	0.056	−0.499	0.659	—	0.127	0.261	0.605
	OW	0.869	0.145	0.056	−0.489	0.673	0.287	—	0.224	0.752
	OH	0.902	0.290	0.056	−0.480	0.670	0.296	0.112	—	0.654
O	SH	0.865	−0.822	—	0.341	0.746	0.206	0.181	0.220	1.694
	BWH	0.885	0.343	−0.817	—	0.756	0.209	0.182	0.221	0.550
	AL	0.925	0.773	−0.793	0.336	—	0.213	0.182	0.221	0.159
	AW	0.914	0.218	−0.778	0.329	0.757	—	0.180	0.215	0.703
	OW	0.885	0.191	−0.781	0.326	0.738	0.205	—	0.212	0.701
	OH	0.889	0.230	−0.783	0.329	0.740	0.204	0.176	—	0.666

可以看出，对"黑白条纹螺"来说，SH、AL 和 AW 的直接作用较大，其他形态指标主要通过间接作用影响湿重；对"中间色螺"来说，BWH、AL 和 AW 直接作用较大，其他形态指标主要通过影响壳口长来间接影响湿重。"橙色螺"SH、BWH 和 AL 的直接影响较大，其他形态指标主要通过间接作用影响湿重。

运用 Stepwise 法，使用 SPSS 进行多元线性回归分析，建立最优"黑白条纹螺"[式（2-1）]、"中间色螺"[式（2-2）]和"橙色螺"[式（2-3）]的回归方程：

$$Y=-87.508+1.703X_2+1.959X_3 \tag{2-1}$$

$$Y=-93.67+2.975X_2 \tag{2-2}$$

$$Y=-125.014+5.119X_2-1.28X_1 \tag{2-3}$$

式中，Y 为湿重（g），X_1 为壳长（mm），X_2 为壳口长（mm），X_3 为壳口宽（mm）。对模型的截距和偏回归系数进行显著性检验，它们都达到极显著的水平（$P<0.01$），3 种壳口颜色脉红螺入选的形态指标对湿重的决定系数分别为 0.919、0.898、0.866，对 3 个方程进行 ANOVA 方差分析表明，3 个方程均存在极显著差异（$P<0.01$），即这些形态指标对脉红螺的湿重具有较大的决定作用。其中，壳口长对 3 种壳口颜色脉红螺的湿重均具有显著影响，壳口宽对"黑白条纹螺"、壳长对"橙色螺"分别具有显著影响，其他形态指标对湿重均不具有直接的显著影响。因此，在以后进行选择育种时，"黑白条纹螺"主要考虑壳口长和壳口宽，"中间色螺"主要关注壳口长，"橙色螺"主要选择壳长和壳口长。

（三）群体平均值的相似性

选用能代表不同壳口颜色脉红螺一般特征的每个变量的平均值进行聚类分析，结果如图 2-3 所示。"橙色螺"和"中间色螺"相似程度较大，"黑白条纹螺"

与两者相似性较小。这与形态指标、标准化数据的多重比较结果相吻合，同时也说明"黑白条纹螺"和"橙色螺"间差异较大，而"中间色螺"是过渡类型的螺，且"中间色螺"与"橙色螺"的差异较其与"黑白条纹螺"的差异小。该结果显示，壳口颜色可以代表脉红螺某些生长指标性状。

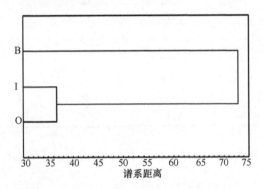

图 2-3　3 种壳口颜色脉红螺形态特征均值聚类图（班绍君等，2012）

二、3 种壳口颜色脉红螺的线粒体基因的多样性特征

（一）DNA 序列变异和遗传距离

3 种壳形脉红螺线粒体 16S rRNA 基因总长为 506bp。在 506 个序列位点中，共有 11 个位点存在变异，约占 2.17%；其中包含了 3 个简约信息位点；A、T、C 和 G 碱基的平均含量分别为 33.3%、31.5%、15.4% 和 19.8%，A+T 含量 64.8%，具有明显的 AT 偏倚。3 种壳形脉红螺共有 11 个单倍型，其中一个单倍型为 3 种壳形脉红螺共享，另一个单倍型为橙色螺和中间色螺共享。基于 3 种壳形脉红螺线粒体 16S rRNA 基因片段序列遗传距离的分析结果见表 2-5（A）：3 种壳形脉红螺各类型内不同个体间的平均遗传距离为 0.03～0.04，与各类型间的遗传距离（0.03～0.04）相似，明显小于与红螺（*R. bezoar*）的遗传距离（0.071～0.074），3 种壳形的脉红螺无遗传分化。3 种壳形脉红螺线粒体 *COI* 基因片段同源序列为 642bp。在 642 个序列位点中有 25 个变异位点，约占 3.89%，其中有 12 个简约信息位点；A、T、C 和 G 的含量分别为 25.0%、39.0%、16.4% 和 19.6%，A+T 含量 64%，具有明显的 AT 偏倚。3 种壳形脉红螺共有 18 个单倍型，其中，2 个单倍型为 3 种壳形脉红螺共享，4 个单倍型为橙色螺和中间色螺共享。基于 3 种壳形脉红螺线粒体 *COI* 基因片段序列遗传距离的分析结果见表 2-5（B）：3 种壳形脉红螺各类型内不同个体间的平均遗传距离为 0.03～0.06，与各类型间的遗传距离（0.04～0.05）相似，明显小于与红螺的遗传距离（0.180～0.181），3 种壳形的脉红螺无遗传分化。

表 2-5　基于 3 种壳口颜色脉红螺线粒体 16S rRNA 和 *COI* 基因片段构建的
距离矩阵（班绍君等，2012）

基因		B	I	O	*R. bezoar*
（A）16S rRNA	B	0.003			
	I	0.004	0.004		
	O	0.004	0.003	0.004	
	R. bezoar	0.071	0.073	0.074	—
（B）*COI*	B	0.006			
	I	0.005	0.003		
	O	0.005	0.004	0.004	
	R. bezoar	0.180	0.180	0.181	—

（二）线粒体 16S rRNA 和 *COI* 基因片段序列的系统学分析

基于所获得的 3 种类型的脉红螺线粒体 16S rRNA 和 *COI* 基因片段序列，以红螺（*R. bezoar*）的线粒体 16S rRNA 和 *COI* 基因片段序列为外类群构建邻接树（NJ 树）和贝叶斯树，如图 2-4、图 2-5 所示。两种方法所构建的系统树的拓扑结构基本一致，3 种壳形的脉红螺并未形成独立支系，而是相互交叉聚为一支，因此 3 种类型脉红螺无显著的遗传分化。

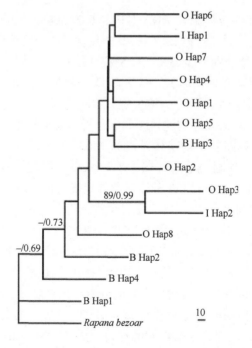

图 2-4　3 种壳口颜色脉红螺线粒体 16S rRNA 的邻接树和贝叶斯树（BI）（班绍君等，2012）

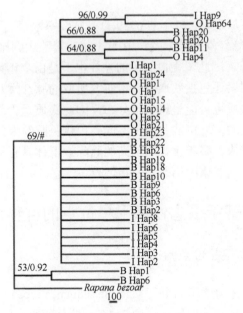

图 2-5　3 种壳口颜色脉红螺线粒体 *COI* 的邻接树和贝叶斯树（BI）（班绍君等，2012）

腹足纲的贝壳形态（包括大小、形态和颜色等）是传统分类学的重要依据。其中最主要的分类依据是贝壳大小及其他受贝壳大小影响的形态特征，如螺层数目、外唇形态、螺口相对大小、脐等。同时，受底质、水温、水流、盐度、温度等非生物因素和饵料、捕食者、种内种间竞争、寄生等生物因素的影响，贝壳形态也不完全相同。个体差异、性别差异及生长发育阶段等可能导致壳形、壳色等形态特征的差异。

形态学研究结果显示，3 种壳口颜色脉红螺不仅在壳口颜色上存在差异，在壳高、壳口长、壳口宽等形态特征与湿重的主要影响因子等方面也存在差异。然而在分子学方面，基于线粒体 16S rRNA 和 *COI* 基因序列片段的分析结果显示，3 种壳口颜色的脉红螺均属于同一物种，未出现遗传分化，因此 3 种壳口颜色脉红螺之间的差异并不是由物种的差异所造成的。壳口颜色的差异可能是由年龄、性别、孵化及浮游时期的环境条件、底质等造成的（Wilke and Falniowski，2001）。齐钟彦（1987）认为，年龄较大的脉红螺的壳口颜色呈鲜艳的橙红色，但我们对壳长进行分析时发现，虽然 3 种脉红螺的壳长具有显著差异，且"橙色螺"壳长显著大于其他螺，但数据间大范围重叠，因此壳口颜色的差异并不是由脉红螺的年龄差异造成的。虽然有些生物存在性二型现象，但 3 种壳口颜色的脉红螺均有雌雄两种性别；将不同壳口颜色的脉红螺分开养殖，均能够成功繁殖后代，因此，壳口颜色的差异也不是由性别不同引起的。很多腹足类是全年繁殖的，因此，不同季节产的螺，其外界的生物因子和非生物因子不同，也可能导致壳形的差异。

但对脉红螺进行观察后发现，每年的 6～9 月是脉红螺繁殖的高峰，在人工升温的条件下，5 月中下旬脉红螺开始繁殖，10 月上旬其繁殖达到尾声，未见其在 11 月至来年 4 月进行繁殖。因此，壳口颜色的差异也不是由全年繁殖造成的。可能引起壳口颜色差异的因素还包括底质等，本研究所取的脉红螺是同域分布的，但考虑到同一区域内的底质也可能呈斑块状分布，因此底质是否是影响因素之一还需进一步的研究。壳高的差异可能是由于不同壳口颜色脉红螺的生长速度、年龄结构不同，生长速度较快、多年生螺比例高的脉红螺群体具有较大的平均壳高，但目前尚无相关数据，具体原因仍需进一步调查。

第二节　基于多态性微卫星位点的群体遗传特征

一、脉红螺多态性微卫星位点筛选

微卫星标记，又称简单序列重复（simple sequence repeat，SSR），是指一种广泛分布于基因组编码区和非编码区，由 2～6 个核苷酸组成的简单串联重复 DNA 序列。微卫星标记具有高度的多态性和丰富的信息含量、共显性遗传、稳定性高、反应所需模板量少和重复性好等优点，已被广泛应用于群体遗传结构分析、遗传多样性监测、亲缘关系鉴定及繁殖成功率分析、种质资源的评价与保护、构建遗传图谱等研究（Christie et al.，2010；Liu and Avise，2011；李琪，2006）。分离微卫星位点的方法基本上可以分为数据库（GenBank 或 EMBL 和 EST 数据库）检索法、经典法、磁珠富集法、简单重复序列片段扩增法（inter simple sequence repeat，ISSR）片段扩增法和省略筛库法 5 种　（李琪，2006）。目前，有关脉红螺微卫星 DNA 位点的分离和筛选仅有一篇报道（An et al.，2013），共筛选了 23 个多态性微卫星位点。本部分主要介绍采用磁珠富集法构建脉红螺基因组微卫星富集文库，筛选脉红螺微卫星位点，并结合微卫星荧光标记 PCR 分析技术，开发出具有高多态性的脉红螺微卫星标记，为脉红螺遗传多样性检测、群体遗传结构分析、分子标记辅助育种和亲权鉴定奠定了基础。

1. 磁珠富集法流程

本方法主要参照 Glenn 和 Schable（2005）所采用的方法，具体流程如图 2-6 所示。其中共应用了两组生物素探针。生物素探针组合 A：Mix2=$(AG)_{12}$，$(TG)_{12}$，$(AAC)_6$，$(AAG)_8$，$(AAT)_{12}$，$(ACT)_{12}$，$(ATC)_8$，简称 A 组；生物素探针 B：$(AGAT)_8$，简称 B 组。最终挑选可能含有微卫星序列的阳性克隆 390 个进行测序，共获得 373 条序列（A 组：254 条；B 组：119 条）。应用 MISA 搜索微卫星序列，324 条序列（A 组：212 条；B 组：112 条）含有 819 个 SSR，其中 207 条（63.89%）含

2 个以上微卫星位点，平均每条序列含有 2.53 个 SSR。根据 Weber（1990）提出的标准，以微卫星核心序列排列方式进行划分，脉红螺的 819 个 SSR 中，完全型的微卫星有 513 个，占 62.64%；不完全型和复合型 306 个，占 37.36%。

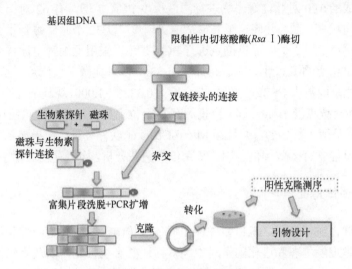

图 2-6　磁珠富集法流程图

所获得的 A 组 487 个脉红螺微卫星位点中，二核苷酸重复是最丰富的重复单元，共 325 个，占 66.74%，$(GT)_n$ 和 $(CT)_n$ 是 SSR 的主要类型，分别占全部 SSR 的 35.58% 和 29.16%；三核苷酸重复出现数量次之，为 117 个，约占 24.02%，四核苷酸重复出现数量较少，为 38 个，约占 7.80%；五核苷酸和六核苷酸出现数量很少，分别为 5 个和 2 个。核心序列重复 10 次以下的有 251 个，占 51.54%，重复 11~20 次的有 122 个，占 25.05%，重复 21~30 次的有 65 个，占 13.35%，重复 31~40 次的有 43 个，占 8.83%，重复 40 次以上的有 6 个，占 1.23%，其中重复次数最多的达 55 次。

而所获得的 B 组 322 个微卫星位点中，四核苷酸重复是最丰富的重复单元，共 212 个，占 65.84%，$(AGAT)_n$ 和 $(ACAG)_n$ 是 SSR 的主要类型，分别为 146 个和 38 个，各占全部 SSR 的 45.34% 和 11.80%；二核苷酸重复 $[(GT)_n$ 和 $(CT)_n]$ 出现数量次之，为 101 个，约占 31.37%；三核苷酸重复出现数量较少，为 8 个，约占 2.48%；五核苷酸重复仅有 1 个。核心序列重复 10 次以下的有 181 个，占 56.21%；重复 11~20 次的有 79 个，占 24.53%；重复 21~30 次的有 42 个，占 13.04%，重复 31~40 次的有 14 个，占 4.35%，重复 40 次以上的有 6 个，占 1.86%，其中重复次数最多的达 55 次。

在 324 个微卫星序列中，有一部分序列由于本身结构或侧翼序列太短不能设计引物。我们使用软件 Primer Premier 5.0 对可供设计引物的 100 条序列进行引物设计，共设计了 100 对引物（A 组：56 对；B 组：44 对）。

2. 脉红螺多态性微卫星位点筛选结果

对合成的 100 对脉红螺引物进行温度梯度 PCR 扩增，有 62 对引物扩增出的带型大小与预期一致，并确定了其最适退火温度。以 32 个脉红螺野生个体基因组 DNA 为模板，对 62 个微卫星位点进行 PCR 扩增，采用毛细管电泳技术精确检测这些微卫星位点的多态性特征，共筛选出 32 个多态性微卫星位点。这 32 个微卫星位点等位基因数为 4~32 个，期望杂合度为 0.3226~1.000，观测杂合度为 0.4289~0.9727。所有位点经 Bonferroni 校正后有 9 个位点显著偏离哈迪-温伯格（Hardy-Weinberg）平衡（表 2-6），并且经 Micro-Checker 软件分析，结果显示，这 9 个微卫星位点可能含有无效等位基因。32 个位点两两分析，均不存在连锁不平衡现象。

二、群体遗传特征

生物群体遗传特征（遗传多样性和群体遗传结构）与其适应性和进化潜力密切相关，是理解生态和进化因素对生物多样性的影响机制，以及明确生物资源管理与保护格局的基础。脉红螺（*R. venosa*）是我国重要的大型经济螺类，主要分布于黄渤海，在我国东海沿岸产量相对较少（张福绥，1980）。近年来，随着脉红螺价格的不断提高，采捕强度越来越大，脉红螺野生种群受到了较大的威胁。为了保护现有野生资源，有必要采用 DNA 分子标记技术对脉红螺群体遗传特征进行研究，从而为脉红螺野生资源的合理开发利用提供科学依据，同时为人工育苗及选择育种等提供背景资料。然而，目前国内外有关脉红螺群体遗传特征的研究尚处于起步阶段。杨建敏等（2006）基于形态变异对我国沿海 8 个脉红螺地理群体的遗传多样性进行了研究，结果发现我国沿海脉红螺形态存在地理变异现象，可分为内湾近岸型和外海栖居型两大类群。杨建敏等（2008）基于线粒体 16S rRNA 对我国沿海 7 个脉红螺地理群体的遗传多样性和群体遗传结构进行了研究，结果揭示我国沿海脉红螺地理群体间并不存在显著的遗传分化。Chandler 等（2008）基于线粒体 *COI* 和 *ND2* 基因部分序列对脉红螺的入侵路径进行研究时发现，我国脉红螺 4 个地理群体（莱州湾、烟台、青岛和香山湾）间无显著遗传分化，但与日本三河湾脉红螺群体间存在显著遗传分化。

因此，为了更好地揭示我国脉红螺群体的遗传多样性现状和群体遗传结构，利用 11 个高多态性微卫星位点分析我国沿海脉红螺 11 个地理群体（丹东、大连、锦州、天津、东营、威海、潍坊、红岛、崂山湾、日照和舟山）（表 2-7）的遗传多样性与群体遗传结构。

表 2-6 脉红螺 32 个微卫星位点多态性信息

位点	重复单元	引物序列 (5'→3')	片段大小 (bp)	Ta (℃)	Na	H_O	H_E	PIC
RvenB08	$(CA)_{10}$	F: TGTCACTCCCTAGATTTCTGTT R: ATGGTAATTTGTGGATTGCTTG	138~146	54	4	0.6543	0.4688	0.5798
RvenB31	$(TC)_{34}(CAGA)_4(GACA)_6$	F: CTATTGGAGTTGTTTTCTT R: TTATTGCTAAAATCGTTCTC	210~266	48	21	0.9583	0.5862	0.9386*
RvenB34	$(GA)_{34}$	F: CTCCCTCCACCCATTCGTCC R: TCGCTGCCTGTTATGTTGTC	160~228	56	27	0.9651	0.7742	0.9472*
RvenB45	$(TC)_{10}$	F: GTCAGTATGTCATGGAACAA R: TTTGTAGACTGGTTATTGGT	187~239	52	21	0.9524	0.6774	0.9335*
RvenB48	$(CA)_9$	F: CTTCTAAAATTGTAGAGCATA R: AGATAGAAATCCATTGTCG	231~249	54	5	0.5754	0.3226	0.5215*
RvenB59	$(CA)_{13}N(CA)_6$	F: GAAGTGGGATTTCTGGTTA R: CACAATACCGCTCTGACTA	236~260	56	8	0.7376	0.7188	0.6910
RvenR01	$(GA)_{34}$	F: GGGATTACAACAGGAACTAC R: TATTCTAACCATTAGCCACTA	226~276	52	22	0.9452	0.8333	0.9251
RvenR12	$(GT)_{37}$	F: CCTACCAAAGTCAAGAGT R: CCCTGTGGGATAAGTATTG	91~145	52	25	0.9593	1.0000	0.9416
RvenTB19	$(GA)_{31}(CAGA)_4(CACACAGA)_3$	F: CATCACCCTTAGGCCACAAT R: ACCTTTCCAAGTATCCACGA	134~224	56	32	0.9727	0.8438	0.9559
RvenQR04	$(CA)_{22}$	F: ATGGAAGTGTTATTTGTATG R: TTAATGTCAAGCCCCTCT	188~230	54	16	0.8851	0.7143	0.8571
RvenQR41	$(CA)_{15}$	F: TAAAAGCAGTCACATACGCAA R: TGAACCAGAATCGTGTTTTGA	151~173	52	8	0.6991	0.3548	0.6619*
RvenQR43	$(CA)_{27}AA(CA)_5GA(CA)_4$	F: CTTGTATCATTCATTCAACCTT R: GTTCTTTTGGCTTCTTGTT	240~288	54	23	0.9554	1.0000	0.9372
RvenBV11	$(AC)_{39}$	F: AAAGGGATGGTAAACTGCG R: TCTGCTGGCGAAAGACAAG	166~222	60	21	0.9525	0.9667	0.9330
RvenBV34	$(CA)_{14}$	F: CAAGCAGTAGAGCATCAG R: TGTTTAATTTCCTGCAAT	109~127	54	7	0.5977	0.4375	0.5200
RvenBV35	$(CA)_{34}$	F: ACTAGGCGTACTTGAGTCG R: GGAATAAAGCGTTAGAAAATA	101~153	54	15	0.6582	0.4688	0.6358*
RvenRV04	$(AG)_{36}$	F: CATCCGAAGGACTTTAGTG R: GAGTTATGTTTCATTGGTTTT	152~214	48	21	0.9602	0.8421	0.9312
RvenRV11	$(TCTG)_6(TC)_7(AC)_{42}$	F: CTGTCCTCCATCTACCATA R: AATCTATTCCCTCCTTCAT	154~234	52	22	0.9551	0.8500	0.9272

续表

位点	重复单元	引物序列（5'—3'）	片段大小（bp）	Ta（℃）	Na	H_O	H_E	PIC
RvenRV19	$(CT)_{32}$	F: CGTAAGTATTTGCGTCCCT R: ATTGCCTGGTAAAGGTTGGT	153~209	60	18	0.9556	0.8125	0.9210
RvenRV21	$(AC)_8(CT)_{34}$	F: ACTCCATCCATTCCACTC R: TGTGCTACCAAAACGAGA	164~232	60	24	0.9582	0.8387	0.9398
RvenRV27	$(TG)_{27}$	F: TGAAGTTGATATTTGGGA R: AACCTGAACACCTCTGCT	160~274	54	26	0.9513	0.9677	0.9324
Rven10	$(AG)_{31}$	F: ACCCACAAACATTTCGTTC R: GGGCATCTCGCTTATCACA	123~193	58	23	0.9686	1.0000	0.9429
Rven13	$(ATC)_{10}$	F: TGCATAATGGTCCGTGAC R: ACATTTGGACTTGGTGA	295~319	58	11	0.8339	0.8667	0.8014
Rven46	$(CA)_{22}$	F: AGCGTTAGTATGACCTGTT R: CTATTAACTCCCTTTCCTG	149~217	58	19	0.9196	0.7778	0.8955
Rven72	$(TG)_{15}(AG)_{17}$	F: ACCTAGACCTACCGTGAC R: TATGTGAATGCTGCGAGT	248~322	58	23	0.9540	0.8462	0.9320
RA32	$(TATC)_{19}$	F: ATTTCGGGGTTGTTTGTGA R: CGGTTTACTTGTTGGCAGGA	163~251	54	16	0.4643	0.9338	0.9112*
RA45	$(TAGA)_{17}$	F: TGTTTGTCCCAAATAAATGT R: TTGTGATCCTAGTCTACCCA	246~350	52	21	0.8667	0.9497	0.9299
RA46	$(TATC)_{13}$	F: GAGGAAGCCAGCATTGTG R: CATTCTGCCGTATCATTTA	230~294	58	11	0.8333	0.8006	0.7650
RA47	$(ATCT)_{14}$	F: TCTAAAGGGAACCAATCTGA R: ATCAGGGACTGTTTGGGTTA	158~194	58	12	0.4289	0.9017	0.8760*
RA56	$(GATA)_{23}$	F: ACATCAGCGAATGGACAGC R: TGCGTTTATCACAAAGGGA	243~327	60	19	0.8333	0.9220	0.8997
RB10	$(AGAC)_{13}(AGAT)_{13}$	F: AGTGACTCCTGTTGACCTGT R: TGTCAGTTTATGCGAAGTGT	239~319	52	19	0.9000	0.9458	0.9256
RB12	$(TTG)_{12}$	F: GCTTCCTTCTTCCAAAGTG R: AAAATAGGCAGTAGGTCAA	272~296	52	8	0.6463	0.7757	0.7286*
RB33	$(TCTA)_{33}$	F: GGTCATCACTTTGGCTTTTA R: GTGGCTTTATCCATGCTGTA	227~307	54	16	0.6667	0.9034	0.8794

注：Ta，退火温度；Na，等位基因数；H_O，观测杂合度；H_E，期望杂合度；PIC，多态信息总量

*Bonferroni 校正后显著偏离哈迪-温伯格平衡（$P<0.0015$）

表 2-7 脉红螺采样位点信息

取样地点	缩写	采样时间（年-月）	样本数
大鹿岛，丹东，辽宁	DD	2012-04	30
老虎滩，大连，辽宁	DL	2012-01	30
凌海，锦州，辽宁	JZ	2013-10	30
中心渔港，天津	TJ	2013-09	34
利津，东营，山东	DY	2012-06	34
荣成，威海，山东	WH	2013-07	35
寿光，潍坊，山东	WF	2013-01	36
红岛，青岛，山东	HD	2012-01	30
崂山湾，青岛，山东	LS	2012-08	20
桃花岛，日照，山东	RZ	2012-01	30
嵊泗，舟山，浙江	ZS	2012-05	30

（一）群体内遗传多样性

11 个微卫星位点在 11 个脉红螺群体中均检测到较高的多态性，所有群体所有位点共检测到 273 个等位基因，位点 B08 变异度最低，仅有 7 个等位基因；位点 TB19 变异度最高，共有 45 个等位基因。各位点的等位基因数为 7～45 个，观测杂合度（H_O）为 0.443～0.908，期望杂合度（H_E）为 0.661～0.969。11 个群体均具有较高的遗传多样性水平，其观测杂合度为 0.785（大连）～0.839（东营），期望杂合度为 0.851（丹东）～0.878（舟山）（表 2-8）。通过秩和检验发现各群体的平均观测杂合度和期望杂合度无显著区别，但等位基因丰富度（A_R）有显著区别。群体特有等位基因分析结果显示：除崂山湾群体无特有等位基因外，其余群体均有 1～7 个群体特有等位基因，其中锦州群体在所有位点上观测到 7 个群体特有等位基因，红岛群体和日照群体则观测到 5 个群体特有等位基因，舟山群体有3 个群体特有等位基因，丹东和东营群体各有 2 个群体特有等位基因，而大连和威海群体均仅有一个群体特有等位基因。同时，日照群体在位点 TB19 发现了 3 个群体特有等位基因。

表 2-8 基于微卫星标记的脉红螺 11 个群体遗传多样性统计表

	丹东	大连	锦州	天津	东营	威海	潍坊	红岛	崂山湾	日照	舟山
Na	17.64	16.27	15.73	16.00	16.45	13.64	16.64	16.27	16.64	18.09	16.82
Nu	2	1	4	0	1	4	5	6	1	4	3
A_R	14.04	13.77	14.35	14.37	13.60	13.97	14.56	14.35	13.64	14.31	14.02
H_O	0.816	0.785	0.791	0.786	0.839	0.814	0.827	0.806	0.815	0.831	0.792
H_E	0.851	0.863	0.865	0.866	0.866	0.868	0.869	0.871	0.873	0.873	0.878
F_{IS}	0.076	0.087	0.032	0.042	0.093	0.099	0.049	0.049	0.065	0.067	0.092

注：Na，等位基因数目；Nu，私有等位基因数目；A_R，等位基因丰富度；H_O，观测杂合度；H_E，期望杂合度；F_{IS}，近交系数

（二）群体间遗传分化

通过分析 11 个微卫星多态位点差异，在我国沿海 11 个脉红螺地理群体中检测到弱但显著的遗传结构，将所有群体当作一个基因池时，分子方差分析（AMOVA）结果表明，我国沿海脉红螺群体具有高水平的群体内变异程度和弱但显著的群体间遗传分化。将所有群体当作一个基因池时，AMOVA 结果显示，99.14% 的分子差异位于群体内，群体间的分子差异仅为 0.86%；但群体间的遗传分化是极显著的（Φ_{ST}=0.0086；P=0.000），显示群体间存在小但显著的遗传分化。为了进一步检测脉红螺群体的遗传结构，我们对脉红螺群体进行分组划分以期获得最大且统计检验显著的组群间分化指数（F_{CT}），最佳分组是 F_{CT} 值最大，同时 F_{SC} 值最小，同时具有最小的组群内群体间分化指数（F_{SC}）。将脉红螺群体划分为 2 个组群，分别是丹东群体、大连群体、锦州群体、天津群体、东营群体、威海群体、潍坊群体、红岛群体、崂山湾群体；日照群体和舟山群体。基于这一划分，得到最大的组群间分化指数 F_{CT}=0.0117（P=0.016），群体内分化指数 F_{ST}=0.0165（P=0.000），最小的组群内群体间分化指数 F_{SC}=0.0048（P=0.000）（表 2-9）。

表 2-9　脉红螺群体间和群体内的分子方差分析

方差来源	变异组成	变异百分比（%）	F statistic（遗传分化指数）	P
一个基因池（One gene pool）				
群体间	0.041	0.86	Φ_{ST} = 0.0086	0.000
群体内	4.707	99.14		
两个基因池 [Two gene pools：（DD，DL，JZ，TJ，DY，WH，WF，HD，LS）（RZ，ZS）]				
组群间	0.056	1.17	F_{CT} = 0.0117	0.016
群体间	0.023	0.48	F_{SC} = 0.0048	0.000
群体内	4.707	98.35	F_{ST} = 0.0165	0.000
三个基因池 [Three gene pools：（DD，DL，JZ，TJ，DY，WH，WF，HD，LS）（RZ）（ZS）]				
组群间	0.052	1.08	F_{CT} = 0.0108	0.026
群体间	0.023	0.49	F_{SC} = 0.0050	0.003
群体内	4.707	98.43	F_{ST} = 0.0157	0.000

两两群体间的 F_{ST} 值为 −0.0009（潍坊 vs 锦州）～0.0212（舟山 vs 东营），两两群体间的 D_{est} 值为 −0.0141（威海 vs 崂山湾）～0.1357（锦州 vs 日照），日照和舟山群体与其他 9 个群体间的 F_{ST} 值与 D_{est} 值具有显著性，经 B-Y 法校正后除日照与崂山湾群体外，日照和舟山群体与其余 9 个群体间的 F_{ST} 值与 D_{est} 值仍显著，其余群体两两间的 F_{ST} 值经 B-Y 法校正后均不显著（表 2-10）。

表 2-10　11 个脉红螺群体间成对值 F_{ST}（下三角）和 D_{est}（上三角）遗传分化指数

	DD	DL	JZ	TJ	DY	WH	WF	HD	LS	RZ	ZS
DD	—	0.0030	0.0334	0.0227	0.0281	0.0114	0.0025	0.0193	0.0349	**0.0943**	**0.0836**
DL	0.0018	—	0.0368	−0.0047	0.0231	0.0219	0.0166	0.0134	0.0224	**0.0794**	**0.1021**
JZ	0.0060	0.0068	—	0.0189	0.0213	0.0309	−0.0103	0.0161	0.0427	**0.1357**	**0.0941**
TJ	0.0046	0.0003	0.0038	—	0.0205	0.0377	−0.0006	0.0230	0.0285	**0.1101**	**0.0918**
DY	0.0056	0.0050	0.0043	0.0044	—	0.0453	0.0005	0.0198	0.0450	**0.1157**	**0.1301**
WH	0.0030	0.0046	0.0055	0.0069	0.0080	—	−0.0037	0.0021	−0.0141	**0.0615**	**0.0777**
WF	0.0013	0.0035	−0.0009	0.0006	0.0011	0.0006	—	0.0058	0.0106	**0.1211**	**0.0786**
HD	0.0040	0.0032	0.0032	0.0045	0.0041	0.0015	0.0016	—	0.0232	**0.0882**	**0.0902**
LS	0.0066	0.0050	0.0075	0.0058	0.0084	−0.0004	0.0027	0.0047	—	**0.0613**	**0.0814**
RZ	**0.0147**	**0.0130**	**0.0201**	**0.0181**	**0.0182**	**0.0099**	**0.0181**	**0.0138**	0.0103	—	0.0088
ZS	**0.0139**	**0.0171**	**0.0155**	**0.0160**	**0.0212**	**0.0127**	**0.0127**	**0.0148**	**0.0140**	0.0028	—

注：加粗代表该值经 B-Y 法校正后仍显著（$P < 0.0109$）

STRUCTURE 软件分析结果表明，当 $K=2$ 时，Δk 值达到最大，暗示总样本的自由交配群为 2 个。虽然 STRUCTURE 分析结果显示两个自由交配群在各个群体内均有一定比例分布，但两个自由交配群在日照和舟山群体的分布比例与其在其他 9 个群体的分布比例有所不同，即二号自由交配群（深色）在日照和舟山群体所占比例相对偏多（图 2-7）。

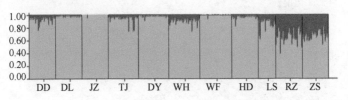

图 2-7　脉红螺群体组成分析结果

黑线为各群体的分隔线，不同颜色代表不同的遗传组分

基于 11 个微卫星位点进行判别主成分分析（DAPC），结果显示，日照群体（RZ）和舟山群体（ZS）聚在一起，丹东群体（DD）、大连群体（DL）、天津群体（TJ）、东营群体（DY）、威海群体（WH）、潍坊群体（WF）、红岛群体（HD）和崂山湾群体（LS）与锦州群体（JZ）聚在一起（图 2-8）。

脉红螺群体间遗传距离 $F_{ST}/(1-F_{ST})$ 与地理距离间存在显著的正相关关系（$y=-0.0017+2.41×10^{-5}x$；$r=0.445$，$R^2=0.198$，$P=0.002$），表明脉红螺群体间存在距离隔离模式（isolation by distance，IBD），地理距离可以解释 44.50% 的遗传差异（图 2-9）。

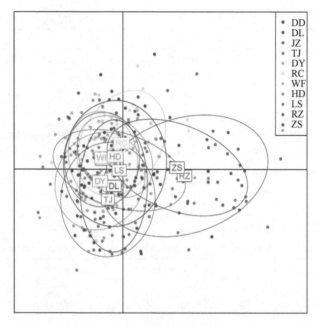

图 2-8　脉红螺 DAPC 散点图

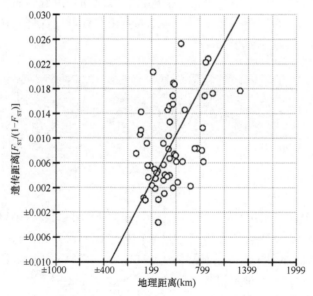

图 2-9　脉红螺群体间的地理距离和遗传距离 $F_{ST}/$（$1-F_{ST}$）相关分析

利用 BOTTLENECEK 软件中 Wilcoxon 检验对脉红螺 11 个地理群体进行遗传瓶颈检测发现（表 2-11），在无限等位基因模型（IAM）假设条件下，除锦州群体和天津群体外，其余 9 个群体均表现出杂合度过剩（$P<0.05$），但只有丹东、大连、

东营、潍坊、崂山和日照 6 个群体显著偏离突变-漂变平衡（$P<0.05$）；在逐步突变模型（SMM）和双相模型（TPM）假设条件下，11 个脉红螺地理群体均未发生瓶颈事件。此外，11 个脉红螺地理群体各位点的基因型频率分布均呈正常的 L 型，揭示所有群体未偏离平衡。目前，逐步突变模型（SMM）和双相模型（TPM）被认为是最适合微卫星突变模式的模型（Ganapathi et al.，2012），所以我们推测脉红螺 11 个地理群体未经历过近期的瓶颈效应。

表 2-11 脉红螺 11 个种群遗传瓶颈检测

群体	Wilcoxon 检验			基因型频率分布模式
	IAM	SMM	TPM	
丹东（DD）	**0.021**	0.413	0.240	正常 L 型
大连（DL）	**0.007**	0.638	0.147	正常 L 型
锦州（JZ）	0.175	0.413	0.240	正常 L 型
天津（TJ）	0.206	0.123	0.083	正常 L 型
东营（DY）	**0.009**	0.765	0.413	正常 L 型
威海（WH）	0.054	0.638	0.240	正常 L 型
潍坊（WF）	**0.002**	0.413	0.101	正常 L 型
红岛（HD）	0.054	0.365	0.175	正常 L 型
崂山（LS）	**0.012**	0.700	0.519	正常 L 型
日照（RZ）	**0.001**	0.320	0.102	正常 L 型
舟山（ZS）	0.054	0.278	0.175	正常 L 型

注：所有 Wilcoxon 检测都是双尾，加粗代表显著偏离突变-漂变平衡（$P<0.05$）

综上所述，脉红螺群体间存在弱但显著的群体遗传结构，可划分为两个地理组群，北方沿海组群（青岛以北海域）与日照-舟山组群。距离隔离与海洋涡旋可能限制了脉红螺群体间的基因交流。相关研究结果为脉红螺的良种选育及其资源的科学管理提供了科学依据。

主要参考文献

班绍君, 薛东秀, 张涛, 等. 2012. 三种壳口颜色脉红螺(*Rapana venosa*)形态学和线粒体 16S rRNA 与 CO I 基因片段差异比较分析. 海洋与湖沼, 43(6): 1209-1217.

蔡立哲, 王雯. 2010. 节织纹螺(*Nassarius hepaticus*)贝壳差异的 COI 基因分析. 海洋与湖沼, 41(1): 47-53.

李琪. 2006. 海洋贝类微卫星 DNA 标记的开发及其在遗传学研究中的应用. 中国水产科学, 13: 502-509.

齐钟彦. 1987. 黄渤海的软体动物. 北京: 农业出版社.

孙秀俊, 杨爱国, 刘志鸿, 等. 2008. 2 种壳色虾夷扇贝的形态学指标比较分析. 安徽农业科学, 36(23): 10008-10010.

吴彪, 杨爱国, 刘志鸿, 等. 2011. 魁蚶两个不同群体形态性状对体质量的影响效果分析. 渔业科学进展, 31(6): 54-59.

杨建敏, 李琪, 郑小东, 等. 2008. 中国沿海脉红螺(*Rapana venosa*)自然群体线粒体 DNA 16S rRNA 遗传特性研究. 海洋与湖沼, 39(3): 257-262.

杨建敏, 郑小东, 李琪, 等. 2006. 中国沿海脉红螺(*Rapana venosa*)居群数量性状遗传多样性研究. 海洋与湖沼, 37(5): 385-392.

张福绥. 1980. 中国近海骨螺科的研究 III. 红螺属. 海洋科学集刊, 16: 113-123.

张涛, 张立斌, 王培亮, 等. DB37/T 2626—2014. 脉红螺.

An J, Yu H, Yu R, et al. 2013. Isolation and characterization of 23 microsatellite loci in the veined rapa whelk (*Rapana venosa*). Conservation Genetics Resources, 5: 1049-1051.

Chandler E, Mcdowell J, Graves J. 2008. Genetically monomorphic invasive populations of the rapa whelk, *Rapana venosa*. Molecular Ecology, 17: 4079-4091.

Cheung S, Lam S. 1995. Effect of salinity, temperature and acclimation on oxygen consumption of *Nassarius festivus* (Powys, 1835) (Gastropoda: Nassariidae). Comparative Biochemistry and Physiology Part A: Physiology, 111(4): 625-631.

Christie M R, Johnson D W, Stallings C D, et al. 2010. Self-recruitment and sweepstakes reproduction amid extensive gene flow in a coral-reef fish. Molecular Ecology, 19: 1042-1057.

Ganapathi P, Rajendran R, Kathiravan P. 2012. Detection of occurrence of a recent genetic bottleneck event in Indian hill cattle breed Bargur using microsatellite markers. Tropical Animal Health and Production, 44: 2007-2013.

Glenn T C, Schable N A. 2005. Isolating microsatellite DNA loci. Methods in Enzymology, 395: 202-222.

Herrera M, Hachero-Cruzado I, Naranjo A, et al. 2010. Organogenesis and histological development of the wedge sole *Dicologoglossa cuneata* M. larva with special reference to the digestive system. Reviews in Fish Biology and Fisheries, 20(4): 489-497.

Liu J X, Avise J C. 2011. High degree of multiple paternity in the viviparous Shiner Perch, *Cymatogaster aggregata*, a fish with long-term female sperm storage. Marine Biology, 158: 893-901.

Weber J L. 1990. Informativeness of human $(dC-dA)_n \cdot (dG-dT)_n$ polymorphisms. Genomics, 7: 524-530.

Wilke T, Falniowski A. 2001. The genus *Adriohydrobia* (Hydrobiidae: Gastropoda): polytypic species or polymorphic populations? Journal of Zoological Systematics and Evolutionary Research, 39: 227-234.

Xue D X, Zhang T, Li Y L, et al. 2017. Genetic diversity and population structure of the veined rapa whelk *Rapana venosa* along the coast of China based on microsatellites. Fisheries Science, 83: 563-572.

第三章　脉红螺的行为特征

第一节　摄　食　行　为

一、摄食选择性及其对摄食量的影响

脉红螺为肉食性贝类，双壳贝类是脉红螺的主要食物来源。对脉红螺摄食方面的研究显示，脉红螺对于捕食的食物具有明显的选择性，该选择性主要表现在两方面：其一，对摄食饵料的种类具有选择性；其二，对摄食同种饵料的规格具有选择性。脉红螺的摄食选择性同样遵循最适觅食理论，即单位时间内保证摄入能量最大化。Savini 和 Occhipintiambrogi（2006）的研究结果表明，脉红螺倾向于摄食双壳贝类 *Anadara inaequivalvis* 及较小规格猎物，这表明脉红螺的觅食策略符合最适觅食理论。

脉红螺为腹足类动物，在摄食运动中大量的神经反应与化学作用参与其中，包括饥饿的刺激、行为间的等级、食物的增加、交配的出现等，故相比于双壳贝类，脉红螺的摄食活动更加复杂、高等。本节以常见的双壳贝类等生物作为饵料研究脉红螺的摄食选择性，以及不同种类饵料、温度、个体规格对脉红螺摄食的影响，分析脉红螺摄食选择性与影响其摄食量的因素，为自然分布区域的脉红螺人工增养殖提供理论依据。

（一）脉红螺的摄食选择性

脉红螺对不同双壳贝类的选择性不同，对饵料的选择可能反映出饵料是否易被捕获、是否容易被处理等特征。同时，这些特征会显著影响脉红螺对不同饵料生物的摄食量。因此，需要通过实验室条件对脉红螺对不同双壳贝类的选择性进行研究。脉红螺对 14 种饵料的喜好由强到弱依次为蛏蜒、竹节蛏、中国蛤蜊、四角蛤蜊、栉孔扇贝、青蛤、文蛤、紫贻贝、菲律宾蛤仔、毛蚶、魁蚶、长牡蛎、仿刺参及皱纹盘鲍。将成螺随机放入 3 个养殖池中，每池 25 个个体，24h 连续充氧。每日换水之后将每种饵料称湿重后足量（250g）散投于养殖池中。第二天换水前取出，分别称量各剩余饵料湿重。二者相减得该养殖池成螺每日所摄食的单种饵料的湿重。实验重复 3 次。结果表明，脉红螺（壳长为 100~120mm）对不同的饵料具有明显的摄食选择性（图 3-1）。

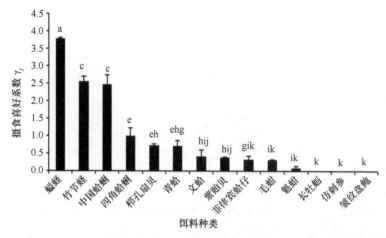

图 3-1　脉红螺对 14 种饵料生物的摄食喜好系数（宋军鹏等，2016）

不同字母代表不同实验组之间存在显著差异（$P<0.05$）

脉红螺对饵料具有较强的选择性，倾向于捕食易捕获、易消化吸收的饵料，从而能够在单位时间内消耗较少能量而获得较高能量。脉红螺虽然可以在贝壳上钻孔获取食物，但钻孔行为只发生于壳长小于 34mm 的个体中。较大规格的脉红螺则包裹饵料使其窒息，同时分泌可能含有某些毒素的黏液，这些黏液有助于快速杀死双壳类食物、打开贝壳，使净能量的获得最大化。在饵料的贝壳打开后，脉红螺用消化液将贝肉融化成透明胶质状进行吸食。本研究表明，在 14 种食物中，脉红螺（壳长为 100～120mm）对缢蛏的选择性较高。这可能与缢蛏壳较薄，且不易于完全紧闭有关。脉红螺的黏液及消化液可以直接与缢蛏软体部接触，同时该种类肉质肥厚，因此相对于其他双壳贝类，脉红螺捕食缢蛏所消耗的时间短，获得的能量高。虽然目前尚未有报道称脉红螺摄食仿刺参和皱纹盘鲍，但二者都是重要的养殖对象，研究脉红螺对它们的摄食选择性，对未来规划脉红螺养殖区域及养殖模式具有指导意义。本研究表明，脉红螺对仿刺参和皱纹盘鲍不具有摄食选择性；另外，本研究也将这两种食物单独投喂，均未见脉红螺摄食。这两种为重要的经济物种，在我国有大规模的养殖，因此，在进行脉红螺大规模增养殖时，或可考虑将其与仿刺参、皱纹盘鲍混养。

（二）饵料种类对脉红螺摄食量的影响

在实验室条件下为脉红螺提供缢蛏、紫贻贝、菲律宾蛤仔，研究饵料种类对脉红螺摄食量的影响。研究发现，脉红螺对 3 种饵料生物的摄食量差异不显著（表 3-1）。本实验中，将成螺随机放入 3 个养殖池中，每池 25 个个体，24h 连续充氧。将 3 个养殖池中连续 3d 分别投入约 2000g 的同种饵料，于次日取出称重，计算平均每天每个脉红螺摄食饵料的湿重。当一种饵料的摄食量实验结束后，开始下一种类饵料摄食量的实验。对 3 种饵料进行同样的实验后比较各饵料每天每个脉红螺的摄食量。假设 n 为脉红螺可选择的饵料种类，脉红螺对第 j 种饵料的喜好用摄食喜好系数 γ_j 表示：

$$\gamma_j = A_j / N_j$$

式中，N_j 为第 j 种饵料的湿重在脉红螺所能获得的饵料中的比例，A_j 为第 j 种饵料在脉红螺所摄取的食物的湿重中所占的比例。$\gamma_j > 1$，喜好摄食；$\gamma_j = 1$，无选择性；$\gamma_j < 1$，厌恶摄食。

表 3-1　脉红螺平均个体日摄食量（湿重）

指标	实验组		
	缢蛏	紫贻贝	菲律宾蛤仔
投入量（g）	2000.46±2.26	2021.46±14.09	1998.00±3.37
摄食量（g）	162.74±49.98	144.95±46.03	170.26±37.99
个体数量（个）	25	25	25
平均单个个体摄食量（g）	6.51±2.00	5.80±1.84	6.81±1.52

采用 SPSS20 进行单因素方差分析，采用 LSD 法进行多重比较，最后结果用平均值±标准误表示。

脉红螺对缢蛏、竹节蛏和中国蛤蜊的摄食喜好系数 $\gamma_j > 1$，说明脉红螺对此 3 种饵料具有摄食喜好，其中对缢蛏的喜好显著大于其他两种饵料（$P < 0.01$）；对四角蛤蜊的摄食喜好系数 $\gamma_j = 1$，说明当与其他 13 种饵料混合投喂时，脉红螺对四角蛤蜊没有明显的摄食偏好；对剩余其他饵料的摄食喜好系数 $\gamma_j < 1$，即与 $\gamma_j > 1$ 和 $\gamma_j = 1$ 的饵料混合投喂时，脉红螺更倾向于避免摄食 $\gamma_j < 1$ 的饵料，未见摄食仿刺参和皱纹盘鲍。

在饵料选择性实验中，脉红螺（壳长为 100～120mm）对缢蛏、紫贻贝及菲律宾蛤仔的摄食喜好表现出极显著的差异，但在不同饵料对脉红螺摄食量影响的实验中，3 种饵料对脉红螺摄食量的影响不显著。本实验结果与 Giberto（2011）等、Savini 等（2002）、Savini 和 Occhipintiambrogi（2006）的研究结果一致，但不同研究中脉红螺个体日摄食量差异较大。本研究中，脉红螺个体日摄食量平均为（5.80±1.84）～（6.81±1.52）g，而北亚得里亚海、切萨皮克湾脉红螺个体日摄食量分别为 1.5g 和 1.2g，拉普拉塔河和黑海东部更低，分别为 0.68g 和 0.2～0.3g。

摄食量的差异可能与脉红螺规格、当地水温、性腺发育时期有关。本研究所用脉红螺壳长为 100～120mm，水温为 25℃，较拉普拉塔河群体规格（70mm）更大，水温（20℃）更高；但较切萨皮克湾和北亚得里亚海的群体规格（100～140mm）更小，水温（26℃）略低。因此脉红螺个体规格、水温的影响在几个群体之间没有明显的规律。本研究所用的脉红螺处于性腺发育时期（注：壳长 100～120mm 的脉红螺生殖系统已经发育完善，且已经出现交配现象），在产卵高峰前，脉红螺将大量摄食，而在其他研究中脉红螺的性腺发育时期不详，因此只能推断差异来自于性腺发育时期的不同。

二、温度、规格对摄食量的影响

脉红螺的分布地域以暖温带为主，在韩国，有研究表明脉红螺可忍受的温度为 4～27℃，而分布于我国香港的居群夏季最高可耐受温度达 35℃，且更多研究表明，脉红螺可以适应温度变化更加复杂的河口地区，其在夏季繁殖季节在河口浅水区聚集，而冬季到来温度降低时，脉红螺会向深水区迁移。在西亚，黑海的脉红螺冬夏两季经历的温度变化为 7～24℃，脉红螺对温度的适应范围很广，这也意味着，不同温度对脉红螺的摄食量会有显著影响。同时，Giberto 等（2011）认为，随着脉红螺个体规格增加，单位体重的摄食量呈明显的下降趋势。因此，实验研究了环境温度及脉红螺规格对其摄食量的影响。实验结果如图 3-2 所示，水温对脉红螺摄食量具有显著影响。当水温低于 7℃时，脉红螺几乎不摄食；当水温高于 8℃时，脉红螺开始摄食；当水温高于 16℃时，脉红螺开始大量摄食；除<50mm 组外，其他各组均在（22±1）℃时出现摄食高峰，随后随温度的上升而下降。

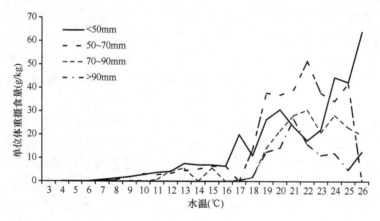

图 3-2　不同规格脉红螺摄食量随水温的变化趋势（宋军鹏等，2016）

脉红螺单位体重摄食量随着壳长的增加逐渐减小。<50mm 规格脉红螺单位体重摄食量最高，其次为 50～70mm 规格，>90mm 规格脉红螺单位体重摄食量最低（图 3-3）。50～70mm 规格脉红螺的最低摄食温度最低，为 4.4℃；其次为<50mm 规格，为 6.0℃；>90mm 规格的脉红螺最低摄食温度最高，为 16.7℃（图 3-4）。

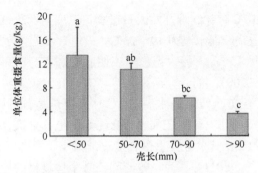

图 3-3　不同壳长脉红螺摄食量（宋军鹏等，2016）

不同字母（a、b、c）表示差异显著（$P < 0.05$）

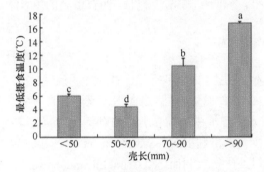

图 3-4　不同壳长脉红螺最低摄食温度（宋军鹏等，2016）

不同字母（a、b、c、d）表示差异显著（$P < 0.05$）

　　如图 3-5 所示，脉红螺的湿重增长率随着壳长的增加而减小。<50mm 组在实验期间的湿重增长率最高，>90mm 组的湿重增长率最低。

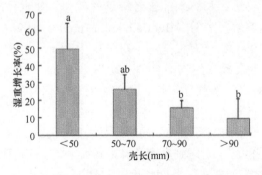

图 3-5　不同壳长脉红螺的湿重增长率（宋军鹏等，2016）

不同字母（a、b）表示差异显著（$P < 0.05$）

　　脉红螺的摄食量与温度密切相关，多数研究表明，脉红螺性腺发育的临界温度为 10℃ 左右，本实验中最低摄食温度为 8℃，因此温度升高对脉红螺性腺发育的刺激可能是引发脉红螺摄食行为的原因之一，可为性腺发育积累大量营养。研究表明，温度高于 16℃时脉红螺开始大量摄食，温度为（22±1）℃左右时达到摄食高峰。脉红螺的适宜产卵水温为 19～26℃，最适宜水温为 22～24℃。脉红螺摄食量最高时的水温早于产卵开始时温度，表明脉红螺在产卵高峰前已开始大量摄食，这与刘吉明等（2003）的研究结果相符。本研究结果表明，脉红螺在产卵过程中未停止摄食，且在产卵最适水温 22℃时摄食量达到顶峰，这与刘吉明等（2003）的观察相悖。本研究结果还显示，脉红螺单位体重摄食量受个体规格的影响。随着个体规格增加，其单位体重摄食量逐渐减小，规格<50mm 时单位体重摄食量最大。Giberto 等（2011）认为，随着脉红螺个体规格的增加，单位体重摄食量呈现明显下降趋势。这与本研究的结果相符。另外，湿重增长率也随着个体规格的增大而逐渐减小，说明小规格的脉红螺拥有更高的生长率。

三、脉红螺感知食物行为

化学信号可以影响生物的许多行为，生物利用这些化学信号来定位和运动（Vickers，2000），如选择栖息地、感知食物、躲避捕食者和交配等（Weissburg，2000）。许多陆地或水生环境中的捕食者通常利用化学信号来搜寻猎物，特别是在视觉或机械刺激较少或不可利用时（Weissburg et al.，2002）。在水环境中，猎物所散发的化学信号以细丝状顺利而下（Crimaldi and Koseff，2001）。捕食者感知化学信号和定位猎物的能力决定了捕食是否成功，而且这种能力是影响捕食者限制猎物种群的关键因素（Powers and Kittinger，2002）。

在捕食者-猎物系统中，感知的优势决定了捕食者捕食和猎物逃跑哪方会成功（Powers and Kittinger，2002）。许多物理或化学因素可以影响捕食者定位猎物的能力，也能影响猎物逃跑和感知捕食者接近的能力，如水体的清晰度、地质类型、气体浓度（如溶解氧）等（Benfield and Minello，1996；Breitburg，1994；Reinsel and Dan，1995）。已有报道称，对于水生系统，如淡水系统和海洋底栖系统，液体的流动也会改变生物捕食的成功率（Palmer，1988；Sih and Wooster，1994）。水生生物对气味的搜寻依赖于水动力对化学信号的传递和调节（Ferner and Weissburg，2005）。

脉红螺是我国重要的经济螺类，同时也是美国、法国等国家的入侵物种，严重影响了当地的经济贝类。考虑到水流是自然界水生系统底栖环境中常见的环境特征，了解脉红螺对食物的感知行为及水流对其感知食物的影响，有助于我们认识脉红螺感知化学信号的机制，对研究脉红螺的人工繁育、生物入侵等具有理论意义。

（一）感知距离

在实际水环境中，捕食者的摄食会由其感知到远处食物的能力决定，很多实验都是在小区域实行的，限制了捕食者远距离搜寻（Weissburg et al.，2002）。本实验距离延长至 4m。实验发现，脉红螺可在一定距离内感知食物（图 3-6），静水中在 0.5m 和 1m 感知并摄食的脉红螺百分比显著高于 2m 或以上（$P<0.05$），2m、3m、4m 之间无显著差异（$P>0.05$）。脉红螺可以有效感知 2m 以内的食物，距离大于 2m，脉红螺通过长时间的不断搜寻仍能发现食物。但是当水流存在时，脉红螺则可以快速感知到上游的气味，感知距离明显增加。Ferner 和 Weissburg（2005）认为海螺 *Busycon carica* 在气味下游 1.5m 以内才会开始搜寻食物；而蓝蟹不能发现和定位远距离的食物，这可能与其移动快速、不能及时识别被水流破坏的气味有关。

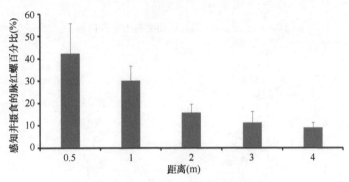

图 3-6　距离与脉红螺感知行为的关系

（二）顺流和逆流对感知的影响

研究表明，增加水流会降低捕食者的捕食成功率。Weissburg 和 Zimmer-Faust（1993）发现，随着水流速增加，蓝蟹成功搜寻并捕食猎物的成功率降低，这是因为变快水流破坏了猎物产生的气味流，快速移动的蓝蟹依赖于对气味空间尺度的判断来捕食，所以无法找到猎物。相反，实验发现变快水流会增强脉红螺对猎物的感知能力，当顺流时（图 3-7，图 3-8），脉红螺对食物的感知率明显升高，且感知时间明显缩短（图 3-9），这与蓝蟹的结果正好相反。与之相似的是，淡水螯虾也会在水流下增加对食物的感知能力（Moore and Grills，1999）。原因可能是腹足类生物对许多化学感受信号很敏感，且慢速移动的腹足类感受化学信号时间短，所以水流的作用会增强腹足类生物感知食物的能力。

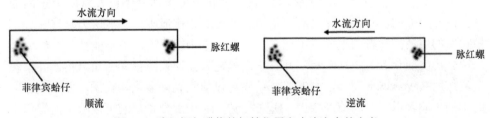

图 3-7　脉红螺与猎物的初始位置和水流方向的定义

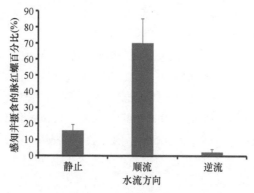

图 3-8　脉红螺对食物的感知率与水流方向的关系

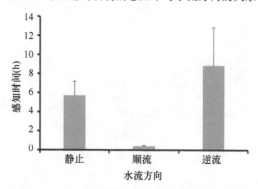

图 3-9　脉红螺感知时间与水流方向的关系

（三）循环水流对感知的影响

如图 3-10 所示，在循环水流系统中，当脉红螺处于顺气味流方向（图 3-10A）时，53.3%～83.3%的脉红螺能够感知并摄食菲律宾蛤仔。而当脉红螺处于逆气味流方向（图 3-10B）时，73.3%～86.7%的脉红螺会移动到位置 A，只有 0～3.3%的脉红螺会移动到菲律宾蛤仔位置并摄食。作为对照，当系统中不放置菲律宾蛤仔时，水流速不变，脉红螺并无明显的移动趋势，这说明水流对脉红螺的移动并无明显作用。从图 3-10 中可以看出，脉红螺可以辨别气味的方向来源，并根据气味寻找和定位食物。

现在有很多捕食者利用生物释放的生物分子来辨别食物以及气味分子的成分，许多成分如氨基酸、核苷酸、单糖、有机酸和排泄废物等被认为是气味分子中重要的引诱捕食者的成分，虽然它们存在于生物组织中，但不能被足量释放到水中来影响捕食者远距离感知，并且它们可能只会导致捕食者感知猎物，并不起定位作用（Weissburg et al.，2002）。动物可以侦测到许多化学物质，并采取相应的识别机制来识别不同的混合物，研究发现，18 种混合氨基酸可以吸引泥螺但不能吸引蓝蟹，而龙虾不被氨基酸吸引却被未知的高分子化合物吸引。虽然氨基酸

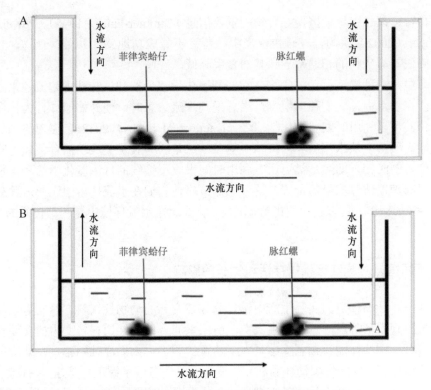

图 3-10 循环水流中脉红螺对食物的感知行为

可以吸引生物，但不一定是有效的引诱成分，因为健康的海洋生物并不释放氨基酸，虽然受伤的生物会释放一定的氨基酸，但是对很多捕食者的吸引力较小，可能是别的成分（如核苷酸、有机酸等）对捕食者产生了吸引，相比于氨基酸，生物的排泄废物被认为是良好的引诱成分（Kamio and Derby，2017）。

从活的生物或者腐肉中释放的气味被水流运输到下游，气味会被水流打乱成碎片并形成化学气缕，虽然生物利用感受器可以辨别这些分子但不能定位这些分子的来源，它们会使用气缕流体动力学的其他信息来寻找气味源，一旦它们感知到气味，就会顺着水流而上（Kamio and Derby，2017）。不同生物拥有不同的气味动力趋流性机制，通常，生物大小和移动能力影响了生物感知能力的机制，即大个体和快速移动的生物利用空间感知，而小个体和慢速移动的生物利用时间感知（Weissburg，2000）。

Ferner 和 Weissburg（2005）认为，在水生系统中捕食者可分为快速移动和慢速移动两类，水流会阻碍快速移动类的捕食者（如螃蟹）依据化学信号搜寻食物，却会有利于慢速移动捕食者（如腹足类）寻找食物。水流会破坏气味丝的结构和均匀的化学梯度，这会降低气味丝中的信号可用度，并使气味丝边界独特性降低，这两种特征都是引导蓝蟹搜寻食物的重要信息（Zimmer-Faust，1995）。Powers 和 Kittinger（2002）认为，在较快水流中，蓝蟹不能成功地感知并摄食食物，且水流会降低其与猎物的相遇率导致其捕食率降低。

海星是一种慢速移动的生物，它们利用化学感受器和气味动力趋流性来追踪食物，在静水中，它们移动缓慢，当感受到水流信息时，便开始捕食行为，慢速移动使其可以利用时间感知化学信号（Kamio and Derby，2017）。慢速移动的腹足类能克服甚至从水流破坏的气味中受益，这是因为腹足类成功捕食依赖于收集化学信号的时间，即腹足类更适合利用时间来收集连续的低浓度化学信号，使它们能够准确地估算信号的位置，这种感知策略使它们在水流环境中比快速移动的捕食者（如蓝蟹）具有更大的优势，因此，脉红螺在水流环境中是一个优秀的"追踪者"。

四、不同饵料对脉红螺稚螺存活和生长的影响

太平洋牡蛎稚贝为实际生产中诱导脉红螺变态的动物性饵料。脉红螺由浮游阶段过渡到底栖阶段，食性发生改变，由原来滤食植物性饵料转变为捕食动物性饵料。脉红螺幼体能否顺利变态是人工培育的关键，太平洋牡蛎稚贝在此阶段发挥了重要作用，使脉红螺幼体顺利完成变态。但变态后稚螺生长迅速，摄食量大，太平洋牡蛎稚贝已经不能满足稚螺快速生长发育的需要，因此需要寻找替代饵料作为补充。选用的替代饵料，其投喂效果至少应高于太平洋牡蛎稚贝的投喂效果，这样才能对稚螺的快速生长发育起到促进作用。

脉红螺稚螺对饵料种类无明显的摄食选择性，但在成功捕食不同种类饵料个数方面差异显著，成功捕食的长竹蛏数量最高，彩虹明樱蛤次之；稚螺对饵料规格具有明显的摄食选择性，优先摄食小个体饵料，随着壳高增大，稚螺逐渐开始捕食大规格饵料，5mm 稚螺开始捕食 2cm 紫贻贝，7mm 稚螺开始捕食 3cm 紫贻贝，壳高对稚螺日生长率影响差异显著，壳高越高日生长率越大。

对 10mm 左右的稚螺投喂不同饵料连续培养一个月，结果如图 3-11 所示，投喂开壳菲律宾蛤仔、开壳贻贝、贻贝、中国蛤蜊稚贝的实验组稚螺壳高增长效果显著高于饥饿对照组（$P<0.05$）。而投喂牡蛎稚贝、扇贝边细粉、扇贝边粗粉、扇贝边的实验组与饥饿对照组差异不明显（$P>0.05$）。其中投喂开壳菲律宾蛤仔的壳高增长率与饥饿对照组差异极显著（$P<0.01$），可能是因为单位体重的菲律宾蛤仔有更高的肉质部。另外，实验表明，人为开壳的鲜活饵料比不开壳的鲜活饵料更有利于脉红螺稚螺的生长。

不同饵料对脉红螺稚螺死亡率的影响结果如图 3-12 所示，投喂扇贝边、扇贝边粗粉、扇贝边细粉等非鲜活饵料的实验组死亡率显著高于饥饿对照组，而投喂牡

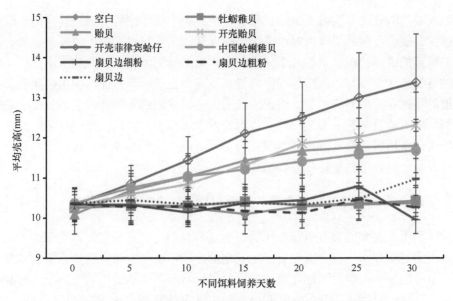

图 3-11　不同饵料饲养天数对脉红螺稚螺平均壳高的影响

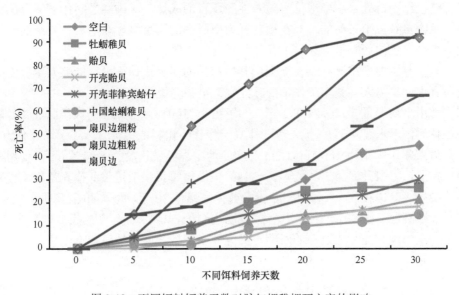

图 3-12　不同饵料饲养天数对脉红螺稚螺死亡率的影响

蛎稚贝、贻贝、开壳贻贝、开壳菲律宾蛤仔、中国蛤蜊稚贝等鲜活饵料的实验组死亡率较饥饿对照组要低。开壳的鲜活饵料（开壳贻贝、开壳菲律宾蛤仔）有利于 10mm 左右的稚螺摄食，但是在投喂时应该注意其开壳后容易死亡而败坏水质，因此及时取出残饵及经常换水是必要的管理手段。

在壳高日生长率、壳高特定生长率、体重日生长率和体重特定生长率指标上，紫贻贝碎肉的效果都要好于紫贻贝稚贝，但不如中国蛤蜊稚贝。究其原因，脉红螺稚螺直接摄食紫贻贝碎肉时，节约了捕食紫贻贝稚贝过程中所消耗的能量，而人工培育的中国蛤蜊稚贝相对于采捕的野生紫贻贝更为肥满，并且个小皮薄，容易被稚螺捕食，稚螺由此获得的净能量要更高。在存活率方面，中国蛤蜊稚贝处理组的稚螺存活率同样较高。因此，代用饵料宜选用活体饵料或人工致死的新鲜活饵，扇贝边及其粉末不适宜作为代用饵料直接投喂，可以优先选择中国蛤蜊稚贝作为代用饵料。9～11mm 稚螺的捕食能力、耐饥饿能力及对环境的适应能力有显著提高，可以尝试进行户外养殖。

五、温度、交配对脉红螺摄食量、摄食周期与摄食节律的影响

除了上文提到的温度对脉红螺的摄食量具有一定的影响之外，交配作为另一重要因素对脉红螺的摄食同样会产生一定的影响，表现在对摄食量、摄食周期及摄食节律的影响上。脉红螺在繁殖期内，摄食特点与生活史的其他阶段具有显著差异，在这一时期内，影响脉红螺摄食的因素更加复杂多变，饥饿诱发的摄食作用可能已经不再处于主导地位，随着性腺发育的成熟、雌雄螺之间化学信息的传递，生物自身生殖策略的选择在摄食行为中所占的比重将逐渐加大，复杂的诱导调节机制产生的影响最终导致了脉红螺摄食特点的显著变化。

本小节主要介绍脉红螺在交配期开始前后的摄食规律，以期能够判定脉红螺的摄食周期，为人工繁育工作中的脉红螺亲贝蓄养提供借鉴。

使用平均湿重（186±21.00）g、平均壳高（100±3.85）mm 的成年脉红螺，清理壳体后，于水温 4.6℃入池，以菲律宾蛤仔作为饵料。将实验脉红螺均等分为 4 组，放入 4 个大小为 1m×1m×1.2m 的实验池中，养殖密度为 8.04 个/m²，使用控温仪控温，每日升温 0.5℃，至 23～24℃恒温，每日投喂过量菲律宾蛤仔，使实验池中始终有饵料剩余（每日初始投喂菲律宾蛤仔 30 个，间隔 8h 观察摄食状况，若脉红螺摄食旺盛，剩余菲律宾蛤仔数量少于 10 个，则补足至初始投喂量）。其中，将第一次出现交配行为之前的时期定义为非交配期，此后的时期直至出现产卵行为前，定义为交配期。

（一）温度、交配对脉红螺死亡率及摄食量的影响

实验开始后第 10 天脉红螺死亡率出现最高峰，当日死亡率为 8%，随后趋于稳定（图 3-13）。

在非交配期内，脉红螺摄食量呈持续升高趋势（图 3-14）。实验过程中，最低温度为 3.90℃时脉红螺未摄食，最低摄食温度为 10.40℃（4 月 9 日），摄食量为 0.01g/个，随后 7d 时间内，脉红螺摄食量呈小幅度波动，为 0～0.08g/个，摄食开始后第 9 天（4 月 17 日），温度达到 12.98℃时，摄食量达到 0.07g/个，摄食开始

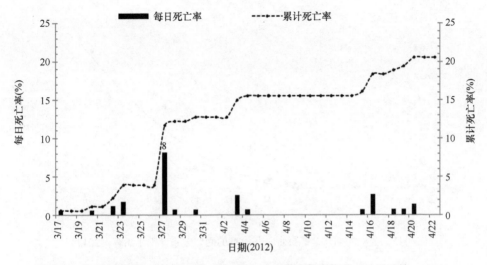

图 3-13 非交配期脉红螺每日死亡率与累计死亡率的变化关系（王平川等，2013）

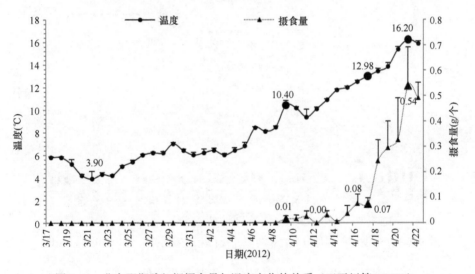

图 3-14 非交配期脉红螺摄食量与温度变化的关系（王平川等，2013）

后第 9～10 天、第 12～13 天有两次极大增长，增长量分别为 0.17g/个与 0.21g/个，4 月 21 日当温度为 16.20℃时，摄食量最大，为 0.54g/个。

SPSS 回归分析得到脉红螺摄食量（c）与温度（t）的回归关系为 $c=0.01t^2-0.24t+1.18$，曲线拟合度 $R^2=0.95$，相关系数 $r=0.97$，经方差分析检验，曲线可信（$P<0.001$）（图 3-15）。

在 4 月 23 日与 4 月 28 日两天中脉红螺死亡率达最大值 2%，其余时间中脉红螺死亡情况时有出现，但随时间推移，死亡情况出现频率降低（图 3-16）。

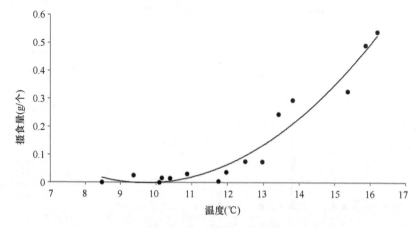

图 3-15　非交配期脉红螺摄食量与温度的回归关系（王平川等，2013）

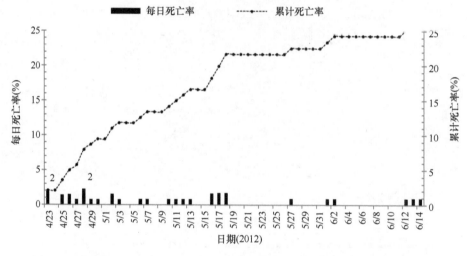

图 3-16　交配期脉红螺每日死亡率与累计死亡率的变化关系（王平川等，2013）

交配期内，脉红螺摄食量随温度升高，先升高再降低（图 3-17）。当温度达到 15.88℃时（4 月 22 日）脉红螺开始交配，进入交配期，摄食量为 0.49g/个，温度为 18.05℃时（5 月 3 日）摄食量达到最大，为 5.32g/个。至 5 月 23 日时，温度首次超过 23℃，达到 23.15℃，此后温度维持在 23~24℃，脉红螺摄食量呈波动下降趋势，在 6 月 11 日时达到最小，为 0.28g/个。

SPSS 回归分析得到脉红螺成螺摄食量（c）与温度（t）的回归关系为 $c=-0.13t^2+5.18t-48.08$，曲线拟合度 $R^2=0.37$，相关系数 $r=0.61$，经方差分析检验，曲线可信（$P<0.001$）（图 3-18）。

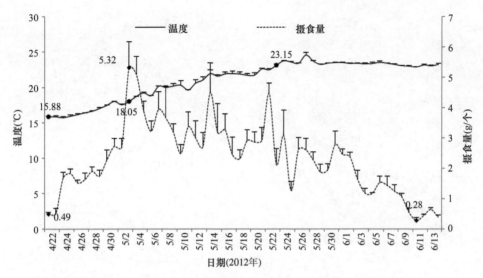

图 3-17 交配期脉红螺摄食量与温度的关系（王平川等，2013）

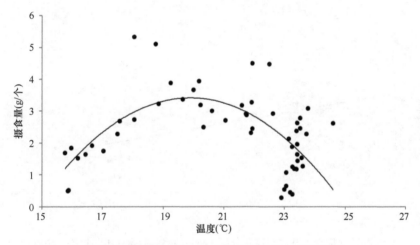

图 3-18 交配期脉红螺摄食量与温度的回归关系（王平川等，2013）

在交配期内，脉红螺摄食量与交配率呈负相关关系。4 月 22 日交配率为 13%，脉红螺摄食量仅为 0.49g/个，此后随着交配率的下降，摄食量增加，至 5 月 3 日，交配率达到最小值 3%时，摄食量达到最大 5.32g/个；此后摄食量随着交配率的持续增加呈现波动下降趋势（图 3-19）。

SPSS 回归分析得脉红螺摄食量（c）与交配率（m）的回归关系为 $c=-2.92m+3.33$，曲线拟合度 $R^2=0.23$，相关系数为 $r=-0.48$，经方差分析检验，曲线可信（$P<0.001$）（图 3-20）。

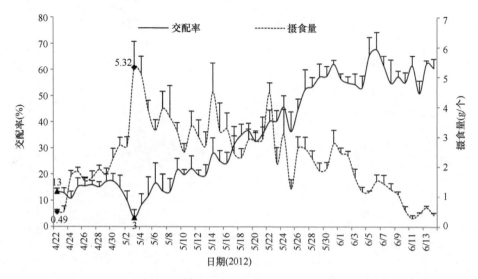

图 3-19 交配期脉红螺摄食量与交配率的关系（王平川等，2013）

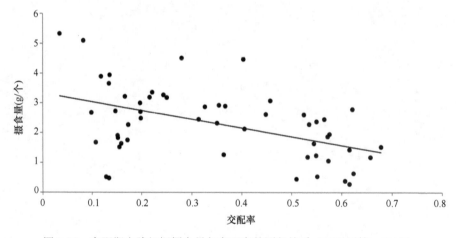

图 3-20 交配期内脉红螺摄食量与交配率的回归关系（王平川等，2013）

大量研究表明，温度对贝类摄食具有重要影响，其作用通常可表示为幂函数的关系，即摄食率在一定温度范围内，会随温度升高而显著呈幂函数增长。本实验中，非交配期脉红螺摄食增长符合该规律，且摄食量的增加持续至交配期。在交配期伊始，脉红螺摄食始终保持增长，并达到最大值，这与该阶段温度的持续升高紧密相关，虽然该期内出现了交配这一新的影响因素，但是在交配期初始阶段，交配行为发生尚不频繁，因此温度仍作为主要因素作用于脉红螺摄食量变化。在交配期脉红螺摄食量达最大值后，温度升高，脉红螺摄食量出现下降，此时温度已不再是影响脉红螺摄食量的主要因素，持续增加的交配行为对摄食量的影响开始显现。

本实验中，脉红螺摄食的初始温度为 10.4℃，相对于福寿螺摄食低温临界值 12℃，脉红螺更能适应冷水环境。且大量研究表明，10℃左右为脉红螺性腺发育的临界温度，性腺发育需要大量营养的积累，因此，温度升高对脉红螺性腺发育的刺激，可能是该因素对脉红螺摄食影响的原因之一。

本实验中，交配行为是影响脉红螺摄食的重要因素，随着性腺积温增加与营养积累，在水温为 15.88℃时第一次出现交配行为。交配期初始阶段，交配率较低，脉红螺摄食量升高，此时交配对脉红螺摄食的抑制尚不明显；交配期随后的阶段内，脉红螺摄食量与交配率呈显著负相关关系。交配与摄食两个行为彼此间紧密相连。贝类中对皱纹盘鲍的研究表明，在繁殖季节，其摄食量会出现明显的下降。软体动物中，摄食与交配行为均占据生存的大部分时间，揭示两者间可能存在相互的竞争与抑制作用。脉红螺交配时，雄螺吸附在雌螺壳体上无法进行摄食活动，同时雌螺维持交配姿态，活动减少，基本不进行摄食，这可能是脉红螺摄食量随交配率升高而减小的主要原因。同时，交配阶段一些复杂的诱导感受机制可能是造成这一现象的内在原因，有待深入的研究证实。

（二）交配对脉红螺摄食周期及摄食节律的影响

脉红螺开始摄食后第 9 天（4 月 17 日）摄食量变化出现最小波动，幅度为 0.001g/个，摄食后第 13 天（4 月 21 日）出现最大摄食增加量，为 0.21g/个，其后出现最大摄食减少量，为–0.05g/个（图 3-21）。

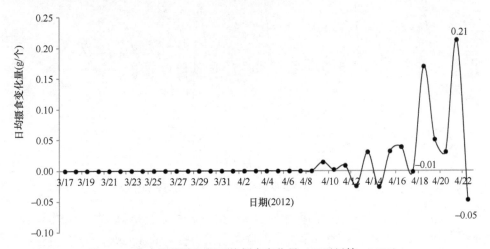

图 3-21　非交配期脉红螺日均摄食变化量（王平川等，2013）

非交配期内脉红螺摄食量的增加与减少天数分别为 10d 和 4d，摄食量增加的持续天数分别为 3d、1d、2d、4d，减少的持续天数均为 1d，平均一个周期时间为 4d（图 3-22）。

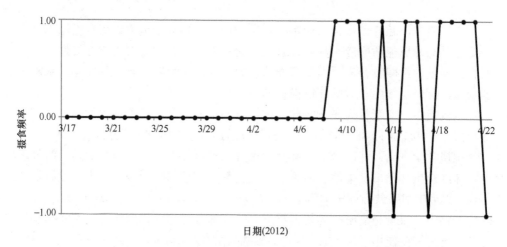

图 3-22　非交配期脉红螺摄食频率（王平川等，2013）

在交配期内，脉红螺摄食存在明显的周期性。交配期开始第 12 天（5 月 3 日）脉红螺摄食出现最大增加量，为 2.64g/个，而最大减少量则出现在交配开始后的第 32 天（5 月 23 日），为-2.34g/个（图 3-23）。交配期内，脉红螺摄食量增减变化的频率明显增加，平均一个摄食周期缩短为 3.72d（图 3-24）。

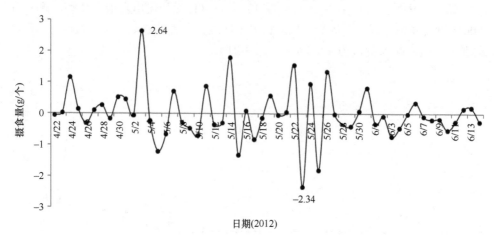

图 3-23　交配期脉红螺摄食量（王平川等，2013）

实验设计了三个不同时间段来研究脉红螺成螺的昼夜摄食节律，如图 3-25 所示，15:00～21:00 的摄食频率最高，占群体全天摄食量的 38.29%，9:00～15:00 的摄食频率最低，占群体全天摄食频率的 28.22%，两者差异显著（$P<0.05$）。而夜间 21:00～9:00 摄食频率居中，与其他组差异不显著。可见脉红螺成螺一天的摄食高峰在 15:00～21:00。

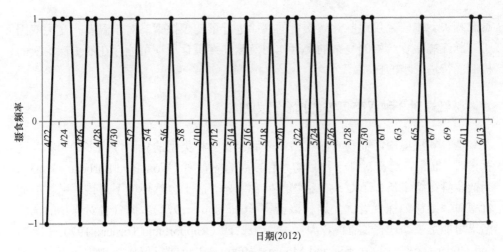

图 3-24　交配期脉红螺摄食频率（王平川等，2013）

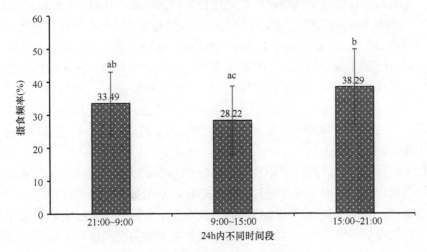

图 3-25　脉红螺昼夜摄食频率（王平川等，2013）

不同字母（a、b、c）表示差异显著（$P<0.05$）

　　在自然环境中，贝类摄食常受昼夜、潮汐等变化的影响，如菲律宾蛤仔存在明显的昼夜摄食节律。对脉红螺的研究发现，其在连续摄食的 24h 中摄食量没有显著差异，即脉红螺摄食没有明显的日周期变化。但依据本研究结果，脉红螺摄食存在周期变化过程，且这一周期长度超过日周期变化的限度，该变化周期在无交配行为期内为 4d，交配行为的出现使该周期出现轻微缩短，为 3.72d。

　　通常认为，贝类节律生物学变化是对环境周期性变化的适应。在对皱纹盘鲍摄食的初步研究中发现，皱纹盘鲍每天对同一质量饵料的摄食量也不是恒定的，会出现较大幅度的上下波动。故脉红螺摄食周期性的产生可能与其他贝类相似，是动物生活在自然条件下的固有特性，可能与栖息环境、捕食对象、自身调节等息息相关。本研究仅对脉红螺摄食的规律进行了初步探索，对于温度、交配双因子对脉红螺摄食产生的复杂的交互作用及脉红螺摄食周期可能存在的更深层次的机制尚待进一步的探究。

六、脉红螺对 3 种双壳贝类的捕食行为机制

在自然环境中，捕食者的食谱中一般包含多种类型的猎物，当多种猎物共同存在时，捕食者通常对某一种猎物具有较高的捕食率（Wong and Barbeau，2005）。当捕食者在特定条件下对某种猎物的捕食率显著高于自然环境下对该种猎物的捕食率时，则认为捕食者优先选择该猎物（Chesson，1978）。捕食者对猎物的选择结果可能是主动选择（捕食者因素：主动选择）（Rapport and Turner，1970；Liszka and Underwood，1990；Sih and Moore，1990），也可能仅仅反映猎物是否容易被捕获、是否易受损伤（猎物因素：被动选择）（Pastorok，1981；Sih and Moore，1990），还可能是主动选择与被动选择共同作用的结果（捕食者因素与猎物因素相结合）（Barbeau and Scheibling，1994）。最适觅食理论为捕食者猎物选择的研究提供了理论基础（Sih and Moore，1990），该理论认为，捕食者在捕食过程中遵循单位时间内能量收益最大化的原则（Hughes，1980；Schoener，1982；Pyke et al.，1977；Stephens and Krebs，1986）。为了保证单位觅食时间的能量摄入最大化，捕食者选择消耗少量能量即可获利较多的猎物，而拒绝获利较少的猎物（Stephens and Krebs，1986）。

在实验室条件下，我们采用视频拍摄分析方法，以捕食周期理论为依据，结合最适觅食理论，研究了脉红螺对菲律宾蛤仔、紫贻贝和牡蛎的捕食选择性，探讨捕食率内在行为机制及猎物选择机制，以期为了解脉红螺入侵生态学及控制其进一步扩散提供理论基础，为底播经济贝类敌害生物防控提供科学依据。实验设计了两种捕食系统：单一猎物系统（只为脉红螺提供一种猎物）、可选择猎物系统（3 种猎物两两组合及 3 种猎物同时存在），结合捕食行为探讨了脉红螺的捕食选择性，实验结果如下。

脉红螺对菲律宾蛤仔、紫贻贝和牡蛎的捕食率如图 3-26 所示，脉红螺对菲律宾蛤仔、紫贻贝和牡蛎的捕食率差异显著（$F_{2,9}=4.857$，$P=0.037$），其中，脉红螺对菲律宾蛤仔（0.75 个/d）的捕食率显著高于对牡蛎的捕食率（0.29 个/d），而对紫贻贝的捕食率（0.54 个/d）与对菲律宾蛤仔和牡蛎的捕食率差异不显著。

脉红螺-菲律宾蛤仔-牡蛎系统中的选择性指数如图 3-27A 所示，脉红螺对菲律宾蛤仔的选择性指数为 1，牡蛎为 0，牡蛎未被捕食，菲律宾蛤仔被捕食。脉红螺-菲律宾蛤仔-紫贻贝系统中的选择性指数如图 3-27B 所示，脉红螺对菲律宾蛤仔的选择性指数（0.83）显著高于对紫贻贝的选择性指数（0.17）（$F_{1,6}=63.668$，$P=0.000$）。

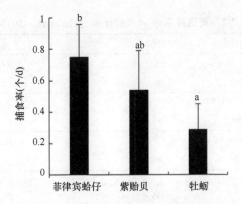

图 3-26　脉红螺对 3 种猎物的捕食率

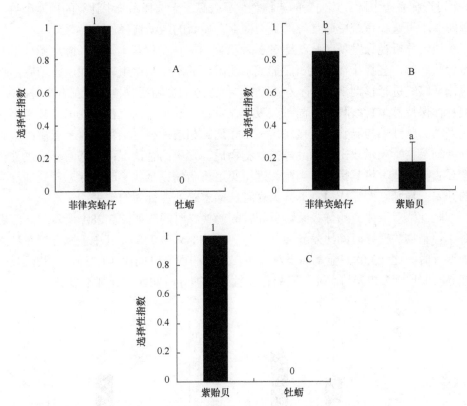

图 3-27　3 个可选择系统中脉红螺对猎物的选择性指数（Hu et al.，2016）

不同字母（a、b）表示差异显著（$P<0.05$）

脉红螺-紫贻贝-牡蛎系统中的选择性指数如图 3-27C 所示，脉红螺对紫贻贝的选择性指数为 1，牡蛎为 0，牡蛎未被捕食，紫贻贝被捕食。

　　脉红螺-菲律宾蛤仔-牡蛎、脉红螺-菲律宾蛤仔-紫贻贝和脉红螺-紫贻贝-牡蛎3 种系统中脉红螺对猎物主动选择的 χ^2 检验结果如表 3-2 所示。从表 3-2 可以看出，

表 3-2 可选择系统 χ^2 检验结果（Hu et al.，2016）

捕食系统	猎物种类	实际值	预期值	χ^2 值	概率 P
R+CO	菲律宾蛤仔	25	15.8	8.672	0.003[a]
	牡蛎	0	9.2		
R+CM	菲律宾蛤仔	17	10	5.584	0.018
	紫贻贝	3	10		
R+MO	紫贻贝	13	8.2	6.190	0.039[b]
	牡蛎	0	4.8		

注：R 表示脉红螺，C 表示菲律宾蛤仔，O 表示牡蛎，M 表示紫贻贝；预期值采用无选择系统前 4d 捕食个数计算
a，耶兹连续矫正概率；b，Fisher 精确检验概率

3 个可选择系统中脉红螺捕食的猎物个数显著高于无选择系统中计算的预期个数，表明 3 个可选择系统中脉红螺对猎物都存在显著的主动选择。

通过分析视频发现，脉红螺对 3 种猎物的捕食过程基本一致。脉红螺处于非觅食状态时，会静止在水族箱底部或水面附近的水族箱壁上，或在水族箱底部按照循环路线进行移动。捕食行为开始时，搜寻方向会随猎物位置而左右交替改变，但身体保持基本直线移动，同时，吸管在垂直与水平方向上都表现出高频率小幅度摆动。脉红螺与猎物发生接触，表示相遇。相遇后绕过猎物，表示躲避；用腹足翻动猎物，表示攻击。脉红螺捕获猎物后，发生两种情况：将其摒弃后进继续搜寻猎物，或者将其摄食。当脉红螺用腹足将猎物完全包裹时，标志着处理行为的开始；当脉红螺完成摄食离开贝壳时，标志着处理行为的结束。

脉红螺对菲律宾蛤仔、紫贻贝和牡蛎的搜寻时间比如图 3-28A 所示，脉红螺对 3 种猎物的搜寻时间比差异显著（$F_{2,9}=5.461$，$P=0.028$）。其中，脉红螺对牡蛎的搜寻时间比（3.08）显著高于对菲律宾蛤仔的搜寻时间比（1.23），对紫贻贝的搜寻时间比（2.28）与对菲律宾蛤仔和牡蛎的搜寻时间比差异都不显著。

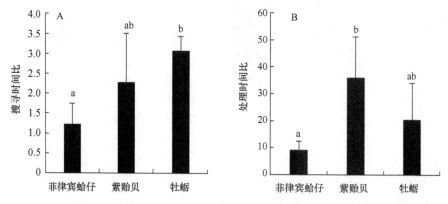

图 3-28 脉红螺对 3 种猎物的搜寻时间比（A）和处理时间比（B）（Hu et al.，2016）
不同字母（a、b）表示差异显著（$P<0.05$）

　　脉红螺对菲律宾蛤仔、紫贻贝和牡蛎的处理时间比如图 3-28B 所示，脉红螺对 3 种猎物的处理时间比差异显著（$F_{2,9}$=5.1304，P=0.033），其中，脉红螺对紫贻贝的处理时间比最高（35.79），显著高于对菲律宾蛤仔的处理时间比（9.05），对牡蛎的处理时间比（20.52）高于对菲律宾蛤仔但低于对紫贻贝的处理时间比，且与两者差异都不显著。

　　脉红螺与菲律宾蛤仔、紫贻贝和牡蛎的相遇概率如图 3-29 所示，脉红螺与 3 种猎物的相遇概率差异显著（$F_{2,9}$=7.705，P=0.011）。脉红螺与牡蛎的相遇概率最高 [（12.2±2.2）个/h]，显著高于与菲律宾蛤仔的相遇概率 [（5.1±1.9）个/h]，脉红螺与紫贻贝的相遇概率为 [（8.9±3.4）个/h]，和脉红螺与菲律宾蛤仔及牡蛎的相遇概率差异不显著。

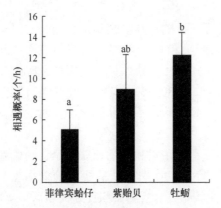

图 3-29　脉红螺与 3 种不同猎物的相遇概率（Hu et al.，2016）

不同字母（a、b）表示差异显著（P<0.05）

　　脉红螺与菲律宾蛤仔、紫贻贝和牡蛎相遇后攻击的概率如图 3-30A 所示，脉红螺与菲律宾蛤仔、紫贻贝和牡蛎相遇后攻击的概率分别为（72.22±9.62）%、（61.69±7.72）%和（49.94±5.88）%，差异不显著（$F_{2,9}$=1.402，P=0.405）。

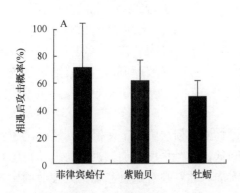

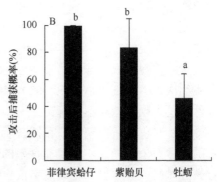

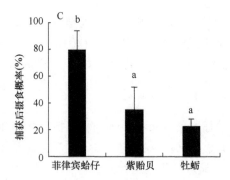

图 3-30　脉红螺与 3 种猎物相遇后攻击的概率（A）、攻击后捕获的概率（B）
和捕获后摄食的概率（C）（Hu et al., 2016）

不同字母（a、b）表示差异显著（$P<0.05$）

脉红螺对菲律宾蛤仔、紫贻贝和牡蛎攻击后捕获的概率如图 3-30B 所示，脉红螺对菲律宾蛤仔、紫贻贝和牡蛎攻击后捕获的概率差异显著（$F_{2,9}=12.499$，$P=0.003$）。脉红螺对菲律宾蛤仔、紫贻贝和牡蛎攻击后捕获的概率分别为 100%、（83.52±10.34）% 和（45.92±8.80）%，其中，脉红螺对菲律宾蛤仔和紫贻贝攻击后捕获的概率显著高于对牡蛎攻击后捕获的概率，对菲律宾蛤仔和紫贻贝攻击后捕获的概率差异不显著。

脉红螺对菲律宾蛤仔、紫贻贝和牡蛎捕获后摄食的概率如图 3-30C 所示，脉红螺对菲律宾蛤仔、紫贻贝和牡蛎捕获后摄食的概率差异显著（$F_{2,9}=21.787$，$P=0.000$）。脉红螺对菲律宾蛤仔、紫贻贝和牡蛎捕获后摄食的概率分别为（80.42±7.08）%、（35.15±8.30）% 和（23.49±2.33）%，其中，脉红螺对菲律宾蛤仔捕获后摄食的概率显著高于对紫贻贝和牡蛎捕获后摄食的概率，而对牡蛎和紫贻贝捕获后摄食的概率之间差异不显著。

脉红螺对菲律宾蛤仔、紫贻贝和牡蛎的捕食行为谱如图 3-31 所示，χ^2 检验表明，脉红螺对 3 种猎物的捕食行为谱无显著差异（表 3-3），行为转变主要发生在静止与移动（43.6%～61.7%）和静止与搜寻（21.3%～22.6%）之间。捕食行为没有发生到的转变，表现出一种线性的捕食模式，由静止或移动发起搜寻猎物，处理猎物总是在搜寻之后。脉红螺-牡蛎系统中的搜寻事件（静止→搜寻；移动→搜寻；处理→搜寻）发生频次显著大于脉红螺-菲律宾蛤仔和脉红螺-紫贻贝系统中的发生频次（$F_{2,9}=13.288$，$P=0.002$），脉红螺-菲律宾蛤仔与脉红螺-紫贻贝系统搜寻事件的发生频次差异不显著。

脉红螺对攻击后捕获概率和捕获后摄食概率依次降低，使得脉红螺对这 3 种猎物的捕食率依次降低，随着捕食率的降低，饥饿程度增加，饥饿胁迫使得脉红螺对搜寻时间依次增加，相遇概率依次增加。脉红螺对 3 种猎物的处理时间比表现出很大的变动性，这种变动性和脉红螺对猎物的处理策略有关。相关研究认为，

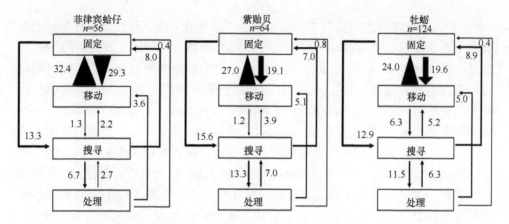

图 3-31　脉红螺与菲律宾蛤仔、紫贻贝和牡蛎捕食系统的行为谱（Hu et al.，2016）

箭头的粗细和旁边数值表示两种行为转变的频率；n 代表转变的总次数

表 3-3　行为谱的独立性检验（Hu et al.，2016）

系统	自由度 df	χ^2 值	概率 P
RC vs RO	6	7.197	0.303
RM vs RO	6	3.114	0.794
RC vs RM	6	4.057	0.669

注：R 表示脉红螺，C 表示菲律宾蛤仔，O 表示牡蛎，M 表示紫贻贝；本检验只采用了 7 种行为转换的频数（静止-移动、移动-静止、静止-搜寻、移动-搜寻、搜寻-静止、搜寻-移动、搜寻-处理）

脉红螺通过腹足紧紧包裹使猎物窒息开壳。Kabat（1990）和 Carriker（1998）指出，猎物贝壳上的痕迹可以作为推断捕食者捕食策略的线索。本研究观察到，部分被捕食的猎物贝壳边缘有明显的磨损痕迹，我们认为脉红螺对猎物不仅采用包裹窒息处理策略，还可能等待猎物自动开壳后迅速将吻部深入猎物软体部并用齿舌卡在两片贝壳中间，进而打开贝壳。包裹窒息用时较短，猎物贝壳不会出现磨损痕迹；被动等待用时具有一定的随机性，猎物贝壳边缘（闭壳肌附近）会出现磨损痕迹。正是两种处理策略相结合使得脉红螺对猎物的处理时间出现较大的变动性。

目前，将行为谱分析应用于水生动物的行为学研究还很少（Himmelman et al.，2005），但行为谱能够为捕食者与被捕食者之间的行为转变提供一个提纲式的总结，并且通过行为谱体现出来的行为数据可以支持和补充由简单行为数据得出的观点（Nadeau et al.，2009）。Nadeau 等（2009）研究发现，两种海星（*Asterias vulgaris* 和 *Leptasterias polaris*）捕食自由移动扇贝（*Placopecten magellanicus*）的行为谱和捕食固着扇贝的行为谱都有显著差异。本研究中，通过独立性检验（χ^2 检验）发现，脉红螺对菲律宾蛤仔、紫贻贝和牡蛎的捕食行为谱差异不显著

（表 3-3），这可能与本研究中 3 种猎物的不可移动性有关。脉红螺的行为转变主要发生在静止与非觅食移动（43.6%～61.7%）和静止与搜寻（21.3%～22.6%）之间。脉红螺的捕食行为是线性的，按照一定的顺序完成捕食，不会绕过搜寻行为直接由静止或移动转变到处理，这种线性捕食模式与 Nadeau 等（2009）研究的两种海星（*Asterias vulgaris* 和 *Leptasterias polaris*）的捕食模式类似。脉红螺和海星移动速度都较慢（<10cm/min），搜寻猎物效率不高，处理猎物需要较长时间（>3h），这些相同的捕食特征是它们捕食模式类似的主要原因。通过对脉红螺-菲律宾蛤仔、脉红螺-紫贻贝和脉红螺-牡蛎 3 个系统捕食行为中搜寻事件（静止→搜寻、移动→搜寻、处理→搜寻）的比较发现，脉红螺-牡蛎系统中的搜寻事件显著多于脉红螺-菲律宾蛤仔系统和脉红螺-紫贻贝系统（$P=0.002$），这个结果对于脉红螺-牡蛎系统中捕食者因饥饿胁迫而提高了搜寻效率和缩短了搜寻时间给予了行为谱方面的支持与补充。

第二节　交　配　行　为

在脉红螺的整个交配过程中，雄螺按照一定的方式沿雌螺壳体运动，这可能是长期自然选择形成的交配规律，但更多的或许是该物种自身特性决定的。脉红螺为软体动物中较高级的腹足种类，雌雄异体且体内受精。大多数具有贝壳的低等双壳贝类在繁殖季节都选择将生殖细胞排出体外，这种简单、直接的繁殖方式主要依靠巨大的生殖细胞数量以保证后代的延续，但也省略了背负壳体进行交配所需克服的种种困难。脉红螺壳体巨大，软体部能伸出壳体外活动的幅度有限，因此，雄螺想要将交接器准确地交接至雌螺软体部内侧的产卵孔中，雌雄螺交配阶段必然要保持特殊姿态，这或许是脉红螺具有独特交配行为的原因之一。同时，脉红螺处于交配姿态时雌雄螺壳口均朝向下方，保证了软体部受到最大限度的保护，这不仅减少了外界因素对交配关键过程的干扰，同时也为脉红螺自身的安全性提供了一定保障。因此，脉红螺独特的交配行为是综合了多种因素的选择结果。

脉红螺完整交配过程中 4 个时期特点鲜明，III期包含了整个交接器伸出与缩回的全过程，而IV期出现的护卵行为在软体动物门中往往出现在高等的头足类繁殖行为中，但有一点明显的区别在于，护卵行为一般由产卵后的雌性个体完成，而本实验发现雄性个体在交配后的一段时间存在这一迹象，两者在一定程度上存在差异，雄螺护卵更多的是与同种族雄性个体间的交配竞争，而其他种类中雌性护卵行为更多的是防止胚胎幼体受到外来捕食者的侵害，但从本质上讲，个体的护卵行为都是为了保证自身基因最大限度的延续。此外，对于脉红螺雌螺产卵后是否存在进一步的护卵行为有待新的研究探索。

本节主要介绍温度对脉红螺交配的影响、交配行为特征、野生脉红螺多重父系分析及多次交配行为与精子竞争。

一、温度对交配的影响

将脉红螺逐一编号，再将编号后的脉红螺放入方形水泥池中暂养一周。实验在 3 个室内水泥池（1.3m×1.6m×1m）中进行。将暂养后的脉红螺随机放入 3 个水泥池中进行人工升温培养，使其自然交配产卵，培养期间水温先从 5.0℃升温至 16.0℃，每日升温 0.5℃，水温升至 16.0℃时稳定一周，再从 16.0℃升温至 25.0℃，每日升温 0.5℃，此后一直稳定在 25℃。脉红螺培养密度平均约 15 个/m^3，每日投喂菲律宾蛤仔，每日全量换水一次，清除死亡个体。

在脉红螺交配行为具有规律的前提条件下，为了研究雌螺与雄螺的交配行为，以及交配过程中雄螺在雌螺壳表面的移动规律，必须对雌螺壳表面区域进行划分（图 3-32）。

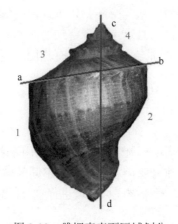

图 3-32 雌螺壳表面区域划分

以雌螺壳口向下的姿态为基准，对雌螺壳表面的区域进行划分，ab 是经过体螺层缝合线的垂直平面，将螺壳沿体螺层缝合线垂直纵切，使螺壳表面区域分为体螺层部和螺旋部；cd 是经过螺壳中轴线的垂直平面，将螺壳沿中轴线垂直纵切，使螺壳表面区域分为左右两部分。

ab 与 cd 将雌螺螺壳分为 1、2、3、4 四个区域，其中 1、2 为螺壳体螺层的表面区域，壳口位于 1 区腹面；3、4 为螺壳螺旋部的表面区域。

随着水温的上升，亲螺交配率呈总体上升的趋势，并有明显的波动。当水温达到 16℃时开始出现交配现象（图 3-33），交配时雌螺与雄螺两两抱对，雄螺吸附在雌螺螺壳的外侧，再移动到雌螺壳口附近，伸出交接器，完成交配。交配后雄螺具有护卵行为，会吸附在雌螺壳口边缘一段时间，然后离去。雄螺和雌螺均能够多次交配，雌螺具有纳精囊，可储存精子，多次产卵。

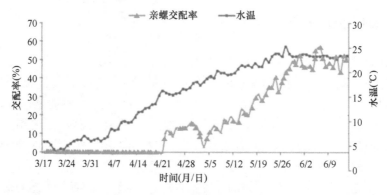

图 3-33　亲螺交配率随水温的变化

大量的实验观察发现，脉红螺雌雄螺间的交配行为存在稳定的规律性，即在交配过程中，雄螺更加积极活跃，交配初始雄螺向雌螺靠近，并攀附于雌螺螺壳背面，攀附位点具有随机性，且这一过程持续的时间长短不一，但雌雄螺交配行为起始时，雄螺的吸附位置固定，且随后具有相同的运动轨迹，直至交配结束，雌雄螺分开。

二、交配行为特征

在整个交配行为中，雄螺沿雌螺壳口移动，不同时期吸附在雌螺壳口的位置明显变化，通过观察统计，雄螺吸附在雌螺壳口不同区域位置的比例具有明显差异。为说明这一差异性，首先，对雌螺壳口区域进行划分，划分结果如图 3-34 所示。

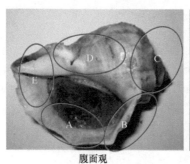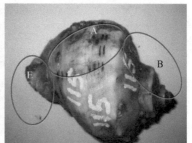

腹面观　　　　　　　　　　　　　正面观

图 3-34　雌螺壳口分区

将雌螺壳口区域分为 A～E 五个区域，随机对实验中交配脉红螺姿态进行观察，共统计了 186 次交配行为中雄螺吸附在雌螺壳口各个区域的位置，结果表明，雄螺吸附在 B 区和 E 区的概率分别为 62% 和 23%，远高于其他区域（图 3-35）。

同时，雄螺吸附于雌螺 B 区时，雌螺可正常摄食（图 3-36），但雄螺吸附于雌螺其他位置时，未发现雌螺摄食现象。两个雄螺可同时吸附在同一个雌螺的 B 区和E 区（图 3-37），这一现象可能是由交配竞争引起的，在其他区域没有发现两个雄螺同时吸附于同一个雌螺的现象。

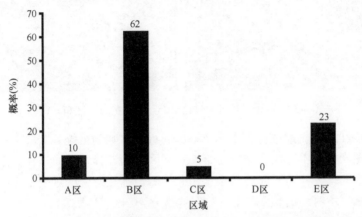

图 3-35 雄螺吸附于雌螺壳口各区域的概率

图 3-36 雄螺吸附于雌螺 B 区时可正常摄食

图 3-37 两个雄螺可同时吸附于一个雌螺的 B 区和 E 区

若将脉红螺的交配过程看作一个整体的行为，则随机统计实验中在不同位点出现的雄螺次数并不能表示雄螺对雌螺不同区域的选择性，而是从一定侧面显示了雄螺在不同位置停留时间的长短。因此推测，脉红螺交配过程中雄螺在雌螺壳体不同区域停留时间的长度为 B 区>E 区>A 区>C 区>D 区。

三、野生脉红螺多重父系关系

采用 5 个高多态性微卫星位点（TB19、QR43、R12、R13 和 RV11）对从丹东所采集的 19 个野生卵群中提取的 1488 个幼体基因组 DNA 进行多重父系分析。在双亲基因型未知条件下，本研究所采用的 5 个微卫星位点均具有较高的非亲排除率（58.9%～84.3%）；亲本信息未知时，5 个位点综合非亲排除率为 99.9%，表明这 5 个微卫星位点适用于亲本分析。

所分析的来自 19 个卵群的 1488 个幼体中，其中 1381 个幼体微卫星成功分型。COLONY 分析时，对相同基因型错误率（0.01 或 0.02）所进行的 3 次不同随机数字的亲本分析得到的结果一致；而基于两个不同基因型错误率（0.01 或 0.02）所得到的亲本分析结果显示绝大多数（94.80%～98.81%）幼体被推定到同一个全同胞家系，其中 7 个卵群两个基因型错误率所得到的亲本分析结果一致，而在另外 12 个卵群中，与基因型错误率为 0.02 所得到的亲本分析结果对比，基因型错误率为 0.01 时，1 个幼体（7 个卵群）和 2～4 个幼体（5 个卵群）被推定到 1～3 个不同的全同胞家系中。根据 Wang（2004）的标准，后续分析中所采用的基因型错误率为 0.02。

采用 COLONY 软件推定的全同胞家系信息如表 3-4 所示。19 个卵群中，有 17 个（89.5%）卵群检测到多重父系现象，其幼体来自 2～7 不同的雄性个体，平均为 4.8 个雄性个体。17 个存在多重父系现象的卵群中，不同雄性个体对后代的贡献在 16 个（94.1%）卵群中存在显著偏差，存在一个对后代贡献占明显优势的雄性，并且其在每个分析的卵袋中也占显著优势（图 3-38）。在 17 个存在多重父系卵群的 81 个卵袋中，有 8 个卵袋（9.90%）所涉及的父本与整个卵群保持一致，而有 9 个卵袋（11.1%）仅仅只有优势父本一个雄性。每个卵群推定的父本的数目与所分析的幼体的数目没有显著线性相关关系（R^2=0.01，df=18，P=0.80）。对 17 个存在多重父系的卵群，应用 Fisher's 检验（共进行 7802 次）检测同一父本对同一卵群不同卵袋的后代贡献率是否存在差异，结果显示，仅有 7 个（0.090%）存在显著性差异（P<0.05）。这个数值远远低于第一类统计错误概率。

表 3-4　19 个丹东脉红螺野生卵群多重父系分布情况

谱系	分析卵袋数	分析幼体数	父本数	M1	M2	M3	M4	M5	M6	M7	B 值	P
F01	6	86	6	62	8	6	4	4	2		0.362	0.000
F02	6	71	3	57	12	2					0.331	0.000
F03	6	89	6	78	4	2	2	2	1		0.596	0.000
F04	6	89	7	35	25	9	9	5	3	3	0.107	0.000
F05	6	89	6	76	4	4	3	1	1		0.559	0.000
F06	6	92	6	47	23	13	4	3	2		0.171	0.000
F07	6	93	1	93							NA	NA
F08	6	96	4	65	14	12	5				0.240	0.000
F09	6	91	5	70	8	6	4	3			0.398	0.000
F10	6	88	5	61	13	10	3	1			0.307	0.000
F11	6	91	3	81	8	2					0.460	0.000
F12	6	94	1	94							NA	NA
F13	5	80	2	79	1						0.469	0.000
F14	4	55	5	46	4	3	1	1			0.494	0.000
F15	3	45	5	19	16	4	3	1			0.11	0.000
F16	3	41	6	10	10	6	6	5	4		0.000	0.459
F17	2	31	5	15	11	3	1	1			0.146	0.000
F18	2	30	3	25	4	1					0.358	0.000
F19	2	30	4	26	2	1	1				0.423	0.000

注：B 值为二项式偏差指数，B 值为正代表存在偏差，M1～M7 表示父亲。

四、多次交配行为与精子竞争

（一）实验设计

2012 年 4 月 29 日，从日照桃花岛海域采集亲螺 120 个，选择壳长大于 80mm、外形完整、无损伤的健康个体运回实验室，洗净后入池暂养。入池前根据阴茎的有无辨别雌雄，用白色油漆笔为每个个体编号，雌螺与雄螺分开暂养。

2012 年 5 月 1 日，按雌雄比 1∶1，设置群体密度为 1∶3 的两个对照组，每

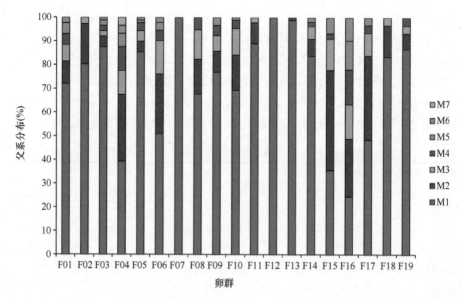

图 3-38 脉红螺每个卵群父系的相对分布格局（Xue et al.，2014）

个对照组设 2 个平行，其中低密度组的密度为 12 个/m³，在 0.8m³ 的水体（90cm×120cm×80cm）内进行静水式饲养（图 3-39）。每天清底、换水一次，每次换水量为 100%，每次换入的海水水温与原水体的水温保持一致。连续充氧增气。每天投喂缢蛏、菲律宾蛤仔和紫贻贝等饵料。

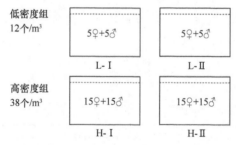

图 3-39 两个密度组示意图

（二）繁殖行为学观察

雌雄亲螺入池后，自由交配与产卵，直至 2012 年 8 月 31 日产卵活动结束。定期（8:00～23:00，2h/次）肉眼观测脉红螺的交配和产卵行为。观察交配前雌雄双方对交配行为的主动性，交配过程中雌性有无顺从雄性行为，交配后雄性有无护卫行为等。记录交配开始时间、对象、顺序、持续时间及产卵时间和次数等。

当水温升到 16℃时，脉红螺成螺吸附在池底和池壁上，出现两两聚集抱对的交配行为，高密度组有群体聚集现象。雄螺交配前会向雌螺移动，并开始吸附于雌螺螺壳表面。交配时雄螺吸附在雌螺壳口外侧边缘，与雌螺螺壳中轴线约成45°角，雄螺阴茎突起伸入雌螺产卵器内（图3-40A），随后将精子射入交配囊（即产卵器）。被射入的精子随后经输卵管运输到纳精囊。交配完成后雄螺会在伸出交接器的位置继续吸附，以阻止其他雄螺与该雌螺交配。此外，雄螺偏好吸附正在产卵或刚产完卵的雌螺，并与刚产完卵的雌螺交配。交配持续时间变异较大，最长可持续2d。

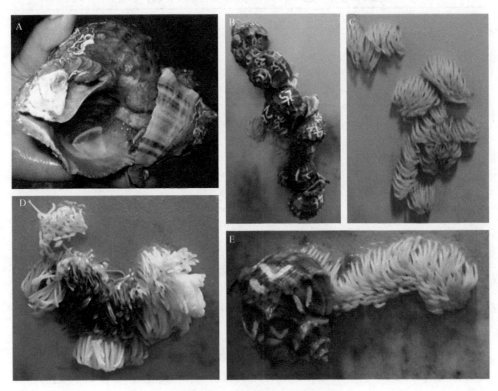

图 3-40　脉红螺繁殖行为观察

交配10～40d后，雌螺开始产卵（此时水温为18.3℃）。雌螺将受精卵产于半透明的革质化的乳黄色卵袋中（图3-40E）。脉红螺的卵袋为长管形并呈刀状。卵袋尖端有一卵圆形小窗，窗上有透明的胶质膜封闭，至幼体孵化时此膜开始破裂。雌螺产卵时间与所产卵袋数目有关，观测到的最长产卵时间为4d，共产460个卵袋。雌螺一般在夜间或黎明（23:00～8:00）开始产卵，偏好将卵袋缠在池壁近水面处，仅有3组卵群为池底产卵。此外，雌螺产卵时有集群行为，会形成很大的卵袋群（图3-40B～D）。

2012年5月17日雌螺开始产卵，2012年8月3日产卵结束，雌螺平均产卵持续时间为25d（2～51d）（表3-5）。在整个繁殖季节，共有27个雌螺产卵，每个雌螺产 2～8 个卵群，共产 120 个卵群（12 638 个卵袋）。每个卵群含卵袋 1～460 个，平均为 105 个。在整个繁殖季节，每个雌螺产卵袋数为 70～1045 个，平均为 468 个。所产卵袋为长刀形，长度为 15～27mm，宽度为 1.7～2.5mm。平均每个卵袋含卵量为 540～1492，每个雌螺的产卵量为 77 824～1 064 880，平均为 451 716。

表 3-5　整个繁殖季节两个密度组脉红螺交配和产卵统计

	低密度组	高密度组	平均
产卵雌螺个数	10	17	—
卵袋平均长度（mm）	20.04	21.25	21.10
产卵期（d）	20.50（3～35）	27.52（9～51）	25（2～51）
每雌螺所产卵群个数	2.89（2～6）	5.48（2～10）	4.52（2～10）
每雌螺所产卵袋个数	256	593	468
每雌螺所产幼体个数	287 873	548 095	451 716
每雌螺交配次数	4.20（0～7）	5.71（2～10）	5.14（0～10）
每雌螺配偶数	2.80（1～5）	4.41（1～8）	3.81（1～8）

（三）多重父系分析

雌螺通常会将卵袋产于池壁上。参照卵袋的颜色变化及孵化时间，在面盘幼体孵化前从每个卵群中随机选取 6 个卵袋，置于 2.0ml 的冻存管中–80℃保存；产卵活动结束后，每个亲螺从腹足处取肌肉组织，用 95%乙醇固定。对丹东野生卵袋进行多重父系分析结果显示，不同雄性在同一卵群中的 2～6 个卵袋中的父系分布格局基本一致。考虑到时间和测序成本，每个卵群随机选取 1～4 个卵袋，每个卵袋随机挑选 24 个幼体提取基因组 DNA。采用 6 个高多态性微卫星位点（TB19、B10、A46、R13、RV11 和 A45）对所提取的幼体和亲螺的基因组 DNA 进行多重父系分析。

基于微卫星标记所进行的多重父系分析结果表明，高密度组成功进行繁殖的亲螺有 47 个，其中雌螺 17 个，雄螺 30 个；低密度组成功进行繁殖的亲螺共 20 个，其中雌螺 10 个，雄螺 10 个。

低密度组 10 个雌螺共产 33 个卵群；高密度组 17 个雌螺共产 87 个卵群。对这 27 个雌螺所产的 120 个卵群的 3940 个幼体成功进行了微卫星分型。采用 COLONY 软件推定的全同胞家系信息如表 3-6 所示。

对 27 个雌螺在整个繁殖期所产的所有卵群进行多重父系分析，结果显示：其中 24 个雌螺（低密度组 9 个，高密度组 15 个）所产卵群具有多重父系现象（88.89%），其幼体来自 1～8 个不同的雄性个体，平均为 3.81 个雄性个体（低密度组：平均

表 3-6 不同群体密度组脉红螺卵群多重父系分布情况

A 低密度组-L-I

雌螺	分析卵群	分析幼虫数	父本数	M04	M06	M08	M10	UL1	UL2	UL3	UL4	UL5	B value	P
F01	F01A	24	4			2		15	5	2			0.167	0.000
	F01B	22	4			12		5	3	2			0.092	0.008
	ALL	46	4			14		20	8	4			0.053	0.005
F03	F03A	24	3	3	19		2						0.288	0.000
	F03B	24	2	12	12								-0.021	1
	F03C	48	2	1	47								0.326	0.000
	F03D	24	3		18	3	3						0.2326	0.001
	ALL	120	4	16	96	3	5						0.427	0.000
F05	F05A	23	2	21	2								0.413	0.000
	F05B	24	3	4	4	16							0.034	0.148
	F05C	24	3	3	3	18							0.059	0.049
	F05D	24	2	8	16	0							0.104	0.024
	F05E	24	2	22		2							0.326	0.000
	F05F	36	3	23	3	10							0.140	0.000
	ALL	155	3	81	28	46							0.178	0.000
F07	F07A	70	1		70								NA	NA
	F07B	24	3		5	17					2		0.191	0.000
	ALL	94	3		75	17					2		0.145	0.000
F09	F09A	48	1									48	NA	NA
	F09B	48	1									48	NA	NA
	F09C	48	1									48	NA	NA
	ALL	144	1									144	NA	NA
总计	17	559	9	97	199	80	5	20	8	4	2	144		

B 低密度组-L-II

雌螺	分析卵群	分析幼虫数	文本数	M12	M14	M16	M18	M20	M06	M42	M74	B value	P
F11	F11A	24	2			6	18					0.104	0.024
	F11B	24	4	1		4	14		5			0.132	0.001
	F11C	24	4	1		1	2		20			0.138	0.000
	F11D	24	5	2		2	6	1	13			0.066	0.023
	F11E	24	4	6		4	2		12			0.132	0.001
	ALL	120	5	10		17	42	1	50			0.150	0.000
F13	F13A	48	3		15	4					28	0.122	0.004
	F13B	47	3		25	5					15	0.132	0.002
	F13C	48	3		2	44					2	0.347	0.000
	F13D	48	1		0	48						NA	NA
	ALL	191	10		42	101					45	0.181	0.000
F15	F15A	24	3		3	19				2		0.288	0.000
	F15B	48	2		2	45						0.399	0.000
	ALL	72	4	1	5	64				2		0.536	0.000
F17	F17A	24	2			6	18					0.069	0.035
	F17B	24	3			12	10		2			0.104	0.021
	ALL	48	3			18	28		2			0.069	0.035
F19	F19A	24	3			21	2	1				0.413	0.000
	F19B	24	3	1		21	2					0.413	0.000
	F19C	24	2	2		22						0.326	0.000
	ALL	72	4	3		64	4	1				0.532	0.000
总计	16	503	8	14	46	271	75	2	52	2	41		

C 高密度组-H-I

雌螺	分析卵群	分析幼体数	父本数	M22	M22-2	M24	M26	M28	M30	M32	M34	M36	M38	M40	M42	M44	M46	M48	M50	UH1	UH2	UH3	B value	P
	F23A	24	3	3								8						13					0.187	0.000
	F23B	24	2	3										21									0.260	0.000
	F23C	24	4	3								1		5				15					0.319	0.000
F23	F23D	23	5	1	9							1		10	2								0.138	0.001
	F23E	24	2		20									4									0.201	0.003
	F23F	24	3		13									10	1								0.077	0.000
	ALL	143	6	10	42							10		50	3			28					0.084	0.000
	F25A	48	2			11										37							0.260	0.000
	F25B	24	3	20		1										3							0.351	0.000
	F25C	24	4	3		6	13									2							0.097	0.007
F25	F25D	46	1													46							NA	NA
	F25E	24	1													24							NA	NA
	F25F	24	2			11										13							0.080	0.021
	F25G	24	3	2		13										9							0.177	0.008
	ALL	214	4	25		42	13									134							0.155	0.000
	F27A	48	4				35	5	2						6								0.339	0.000
	F27B	24	6				14	2	1					3	1		3						0.159	0.000
	F27C	24	5				14	3						1	2	1		3					0.246	0.000
F27	F27D	23	5				3							1	1	1	3						0.096	0.001
	F27E	24	6				4	1						3	3	3	3						0.296	0.000
	F27F	63	6				17							4	5	5	5						0.156	0.001
	ALL	206	8				87	10	3					17	5	11	11						0.198	0.000
	F31A	48	1						48														NA	NA
F31	F31B	24	3	5					15				4										0.140	0.000
	ALL	72	3	5					63				4										0.260	0.000

续表

雌螺	分析卵群	分析幼体数	父本数	M22	M22-2	M24	M26	M28	M30	M32	M34	M36	M38	M40	M42	M44	M46	M48	M50	UH1	UH2	UH3	B value	P
F32	F32A	24	2		4														20				0.201	0.002
	F32B	24	3		5													10	9				0.004	0.426
	F32C	24	2		3											21							0.260	0.001
	ALL	72	4		12											21		10	29				0.034	0.005
F35	F35A	45	4				6	3												33	3		0.205	0.000
	F35B	64	4			14	26											15		4	5		0.065	0.000
	F35C	48	1			48																	NA	NA
	F35D	24	1			24																	NA	NA
	F35E	24	3			22	1														1		0.483	0.000
	ALL	205	6			108	33	3										15		37	9		0.1388	0.000
F39	F39A	24	3		2	16			6														0.204	0.014
	F39B	24	1		2	24																	NA	NA
	F39C	24	2			22																	0.035	0.151
	F39D	24	2			8							16										0.104	0.024
	ALL	96	4		4	70			6				16										0.270	0.000
F41	F41A	48	1														48						NA	NA
	F41B	48	1														48						NA	NA
	F41C	24	2														19	5					0.149	0.008
	F41D	24	2														21	3					0.260	0.000
	ALL	144	2														136	8					0.371	0.000
F45	F45A	24	2	17														7					0.066	0.062
	F45B	46	4	32														6					0.393	0.000
	F45C	24	3	20														1					0.231	0.001
	F45D	48	4	33														9					0.132	0.001
	ALL	142	5	102														23					0.300	0.000
总计	41	1294	19	102	84	259	10	72	12	13	41	4	108	63	41	20	297	84	29	37	9			

D 高密度组-H-II

雌螺	分析卵群	分析幼虫数	文本数	M52	M54	M56	M58	M62	M64	M66	M68	M70	M72	M74	M76	M78	B value	P
F55	F55A	24	1					24									NA	NA
	F55B	24	3		2			20						2			0.347	0.000
	F55C	24	2		8			16									0.035	0.159
	ALL	72	3		10			60						2			0.372	0.000
F59	F59A	24	2				23										0.493	0.000
	F59B	48	2				48						1				0.399	0.000
	F59C	48	2				47						1				0.399	0.000
	F59D	24	2				23						1				0.493	0.000
	ALL	144	2				141						3				0.465	0.000
F61	F61A	36	1						36								NA	NA
	F61B	48	2						46					2			0.326	0.000
	F61C	24	2						12		12						-0.021	1
	F61D	48	2						11		37						0.215	0.000
	F61E	24	3						5		17						0.413	0.000
	F61F	24	4					2	3		8			11			0.076	0.011
	F61G	24	3					1	2					21			0.201	0.000
	F61H	24	4					3	3		2			16			0.125	0.001
	F61I	24	4						5		3			14		2	0.010	0.306
	F61K	24	2						9		3			15		2	0.010	0.306
	ALL	300	5					6	132		79			81			0.211	0.000
F63	F63A	24	1											24			NA	NA
	F63B	24	1											24			NA	NA
	F63C	48	2									2		46			0.326	0.000
	F63D	24	3		19									5			0.042	0.072

续表

雌螺	分析卵群	分析幼虫数	父本数	M52	M54	M56	M58	M62	M64	M66	M68	M70	M72	M74	M76	M78	B value	P
	F63E	47	3		33							3		11			0.149	0.008
F63	F63F	24	3		10		12							2			0.069	0.032
	F63G	24	1				24										NA	NA
	ALL	215	4		62		36					5		112			0.290	0.000
	F65A	24	4		2					1		4		17			0.194	0.001
	F65B	24	2				18							6			0.104	0.023
F65	F65C	48	3		25		18							5			0.066	0.037
	F65D	24	4	1	17		3							3			0.254	0.000
	F65E	48	2		1		47										0.346	0.000
	ALL	168	6	1	45		86			1		4		31			0.155	0.000
	F71A	23	2				21								2		0.399	0.000
	F71B	24	1				24										NA	NA
	F71C	24	2				3			21							0.264	0.000
F71	F71D	24	3						16	2		6					0.293	0.000
	F71E	48	4				1		27	4		16					0.097	0.004
	F71F	71	5			1			38	16		14				2	0.042	0.062
	F71G	24	2						16			8					0.035	0.150
	ALL	238	7			1	49		97	43		44			2	2	0.094	0.000
	F73A	24	3				2	14		8					2		0.097	0.015
	F73B	48	4				3	38		6					1		0.365	0.000
F73	F73C	96	3				76	16		4							0.142	0.003
	F73D	24	2				23	1									0.399	0.000
	F73E	24	3				47	16		1						2	0.142	0.002
	ALL	256	4				151	85		19					1		0.200	0.000

续表

雌螺	分析卵群	分析幼虫数	父本数	M52	M54	M56	M58	M62	M64	M66	M68	M70	M72	M74	M76	M78	B value	P
F75	F75A	72	1				72										NA	NA
	F75B	24	1				24										NA	NA
	F75C	24	1				24										NA	NA
	F75D	24	1				24										NA	NA
	F76E	48	1				48										NA	NA
	ALL	192	1				192										NA	NA
总计	46	1585	13	8	117	1	655	151	229	63	79	53	3	226	3	4		

"M"是雄性的缩写, "UL"是指低密度组未知父本, "UH"是指低密度组未知父本.

3.78 个雄性个体；高密度组：平均 5.13 个雄性个体）。共有 4 个雌螺所产的部分
幼体来自非本实验组雄性个体，暗示脉红螺雌螺可利用之前储存在贮精囊的精子
使其卵子受精。所分析的 120 个卵群中，有 96 个卵群存在多重父系现象（80.00%），
其幼体来自 1～6 个不同的雄性个体（低密度组：1～5 个不同的雄性个体，平均
3.50 个雄性个体；高密度组：1～6 个不同的雄性个体，平均 4.35 个雄性个体）。
在这 96 个存在多重父系现象的卵群中，有 86 个（89.58%）卵群不同父系对后代
的贡献存在显著偏差。为探讨同一卵群中不同卵袋的父系分布格局是否一致，本
研究随机选择了 35 个卵群（低密度组：9 个卵群，高密度组：27 个卵群），并从中
随机选取 2～4 个卵袋（共 79 个卵袋）对其父系分布格局进行分析，其中有 10 个
卵群仅检测到单一父本。对 25 个存在多重父系的卵群约 54 个卵袋进行分析，结
果显示，有 26 个卵袋（48.15%）所涉及的父本与整个卵群保持一致，而有 7 个卵
袋（12.96%）仅有优势父本一个雄性个体；进一步对其中的 25 个存在多重父系的
卵群进行 Fisher 检验，以检测同一父本对同一卵群不同卵袋的后代贡献率是否存
在差异，结果显示，仅有 6 个（5.56%）存在显著性差异（$P<0.05$）。

在高低密度组中，繁殖行为学观察结果与基于微卫星标记得到的多重父系分
析结果存在一定的矛盾：对每个具有产卵行为的雌螺而言，繁殖行为学观察记录
到与其发生交配的雄螺，在基于微卫星标记得到的多重父系分析结果中其精子贡
献率为 0。产生这一矛盾的可能原因为：①繁殖行为观察误差：雄螺虽然与雌螺
呈交配体位，但对雌螺质量状况进行评估以及预测精子竞争风险后，并未向雌螺
传输精子或仅传输少量精子。②幼体采样误差：每个卵袋中有成百上千个幼体，
考虑成本和经济问题，本研究仅从每个卵袋中随机选取 24 个幼体进行亲本分析。
如果雄螺的精子在储精器官内浓度较低，则很有可能检测不到其对后代的贡献。
为了更有效地探讨群体密度对脉红螺繁殖行为的影响，定量分析的数据主要为基
于微卫星标记所得到的多重父系分析结果，并结合繁殖行为学观察记录信息而确
定的雌雄亲螺的交配次数、配偶数及雌螺的产卵次数。

高密度组雌螺交配次数为 2～10 次，平均交配 5.71 次；交配雄螺个数为 1～
8 个，平均与 4.41 个雄螺交配；产卵次数为 2～10 次，平均产卵 5.12 次。低密度
组雌螺交配次数为 0～7 次，平均交配 4.20 次；交配雄螺个数为 1～5 个，平均与
2.8 个雄螺交配；产卵次数为 2～6 次，平均产卵 3.33 次。

高密度组雌螺的交配次数和配偶数的构成比均与低密度组雌螺的交配次数和
配偶数的构成比无显著差异（交配次数：$\chi^2=11.634$，$df=9$，$P=0.235$；配偶数：
$\chi^2=9.668$，$df=8$，$P=0.208$），但高密度组雌螺的产卵次数与低密度组雌螺的产卵次
数构成比有显著差异（$\chi^2=17.471$，$df=7$，$P=0.015$）（图 3-41）。高密度组雌螺的平
均交配次数和平均配偶数高于低密度组雌螺的平均交配次数和平均配偶数
（$F=2.619$，$P=0.20$），但差异不显著（$F=1.189$，$P=0.287$）；然而高密度组雌螺的

平均产卵次数均显著高于低密度组雌螺平均产卵次数（F=5.257，P=0.032）。每个密度组的两个平行组雌螺的交配次数、配偶数和产卵次数均没有显著区别（P>0.05）。此研究结果证实了两性存在利益冲突这种假设条件下，雌螺多次交配也可在不获得直接收益或间接收益的情况下发生，此时多次交配频率受雌性与雄性相遇频率的影响；高密度的群体中雌性和雄性间的相遇频率比低密度群体要高，雌性多次交配的频率和水平也比较高（Jensen et al.，2006；Liu et al.，2013；Uller and Olsson，2008）。

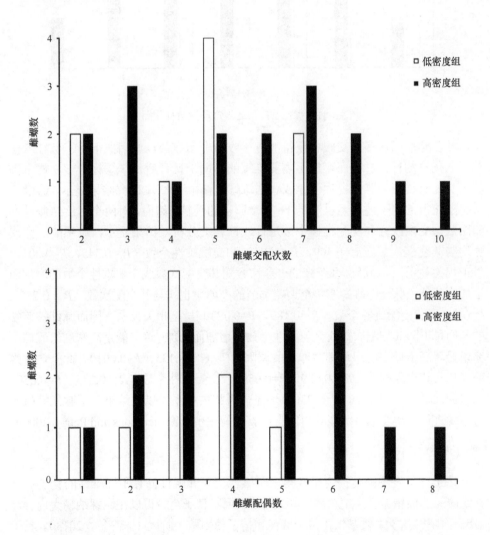

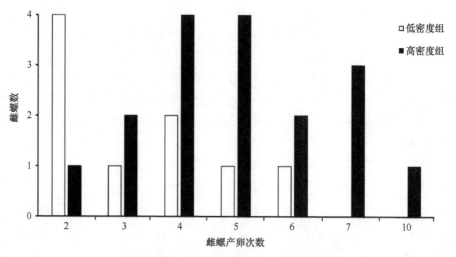

图 3-41　高低密度组雌螺产卵次数柱状图

脉红螺雌螺从多次交配中获得的直接收益非常有限，原因如下：①脉红螺没有亲代抚育的行为，因而雌螺不需要雄螺的帮助来抚育后代；②行为学观察未观测到交配时雄螺为雌螺提供营养或赠送雌螺"彩礼"；③本研究结果显示，雌螺一次交配获得的精子通常足以满足 1～3 个卵群的受精。然而，对两个密度组雌螺产卵次数与交配次数和交配雄性个数进行线性相关分析，结果显示，雌螺的产卵次数均与其交配次数（R^2=0.409，$P<0.001$）和交配雄性个数（R^2=0.345，P=0.001）呈正相关关系，因而脉红螺雌螺的产卵次数随其交配次数或交配雄性个数的增加而增加。此外，脉红螺雌螺在整个繁殖季节的产卵量也均与其交配次数（R^2= 0.230，P=0.011）和交配雄性个数（R^2=0.189，P=0.023）呈正相关关系，因而脉红螺雌螺的产卵量也随其交配次数或交配雄性个数的增加而增加，这可能是高密度组雌螺产卵量显著高于低密度组雌螺产卵量的原因之一（t=−3.135，$P<0.001$）。此外，雌螺的壳长与其交配次数（R=−0.089，P=0.659）、交配雄性个数（R=−0.245，P=0.659）和产卵次数（R=−0.070，P=0.730）均无显著相关关系。以上结果暗示脉红螺雌螺与雄螺进行多次交配有可能获得的直接收益为生殖刺激（Jennions and Petrie，2000）。

（四）脉红螺精子竞争模式

精子竞争发生的前提为雌性与多个雄性交配和雌性储存不同雄性的精子。脉红螺雌螺的储精器官为纳精囊，本研究结果揭示精子至少可以在雌螺纳精囊内存活 41d。而精子竞争主要发生在精子储存和精子使用两个阶段（宋亮等，2013）。精子储存阶段主要是雄性采取积极的行为或对策使自身的精子能更多地留存在雌性储精器官内，从而得到更高的繁殖成功率；精子使用阶段主要是雌性通过一些隐秘雌性选择方式操纵 2 个或 2 个以上已成功与其交配雄性的精子受精成功率的过程

（Eberhard and Cordero，1995）。

　　结合繁殖行为学观察记录的雄性交配顺序及微卫星标记所进行的多重父系分析结果，发现实验中部分雌性储存了正式实验之前与之交配的雄性的精子。为了更准确地揭示脉红螺的精子竞争模式，后续分析中仅利用与本实验组雄性有关的行为学数据与幼体数据。所分析的 111 个卵群中，最后交配的雄性后代在总后代中的比例为 0～100%（平均为 65.31%）。其中，29 个卵群（26.13%）中最后交配雄性后代的比例为 90%～100%，29 个卵群（26.13%）中最后交配雄性后代比例为 70%～90%，25 个卵群（22.52%）中最后交配雄性后代比例为 50%～70%，即有 83 个卵群（74.77%）最后交配雄性的后代在总后代中的比例大于 50%。同时，18 个雌螺（高密度组：11 个，64.71%；低密度组：7 个，70.0%）所产的多个卵群间的父系分布格局因与新的雄螺成功交配而发生变化（图 3-42）。因此，我们推测脉红螺的精子竞争模式为最后雄性精子竞争优势。

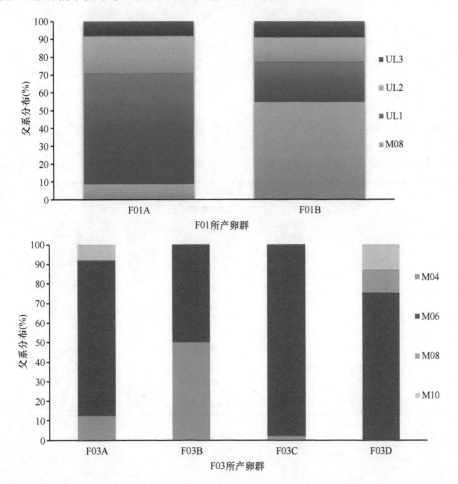

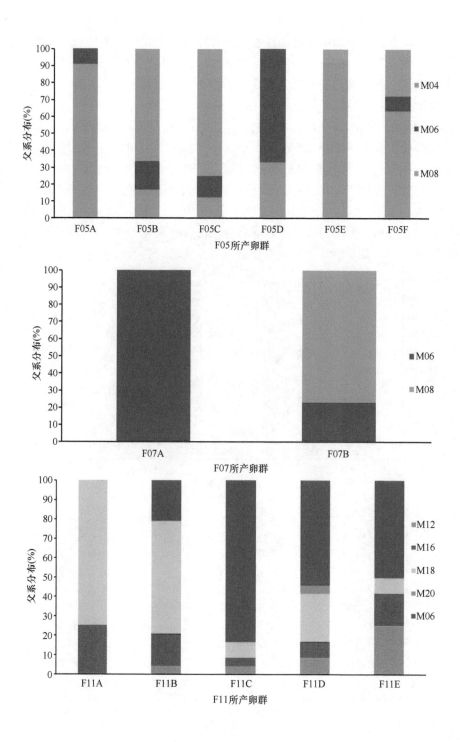

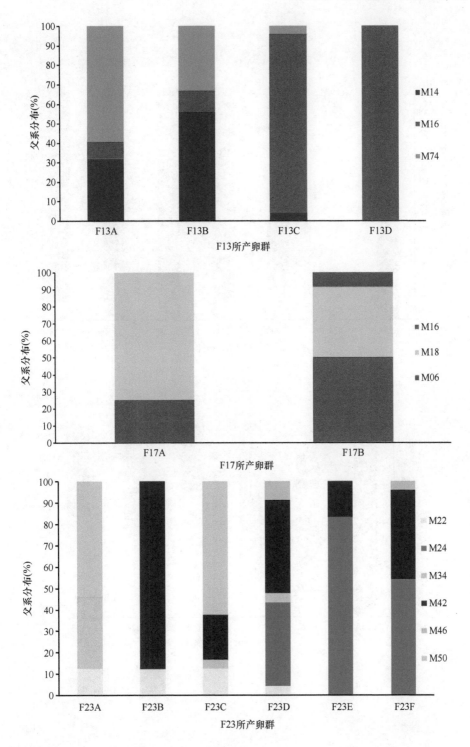

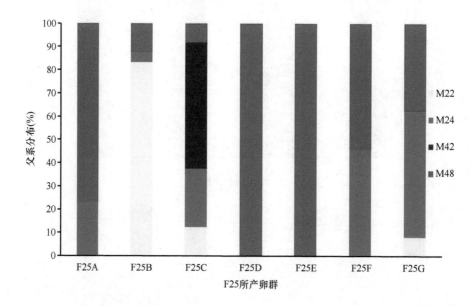

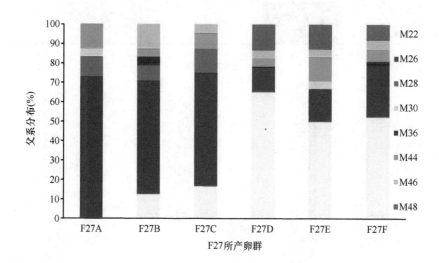

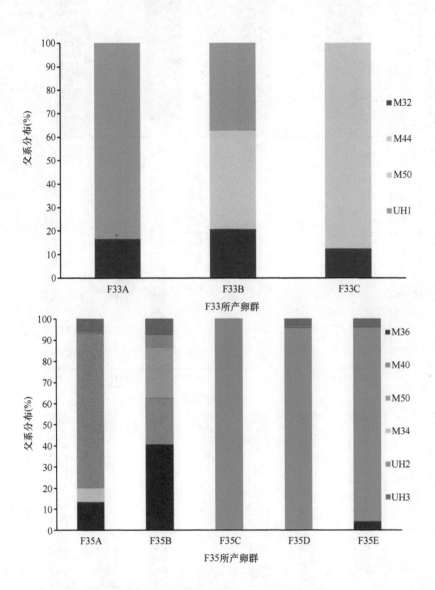

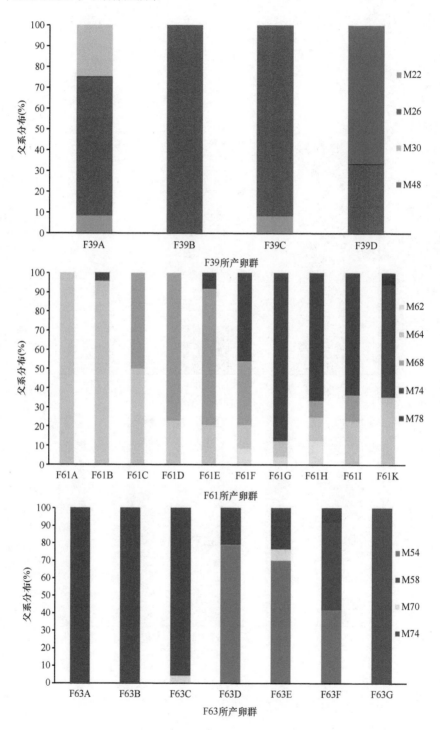

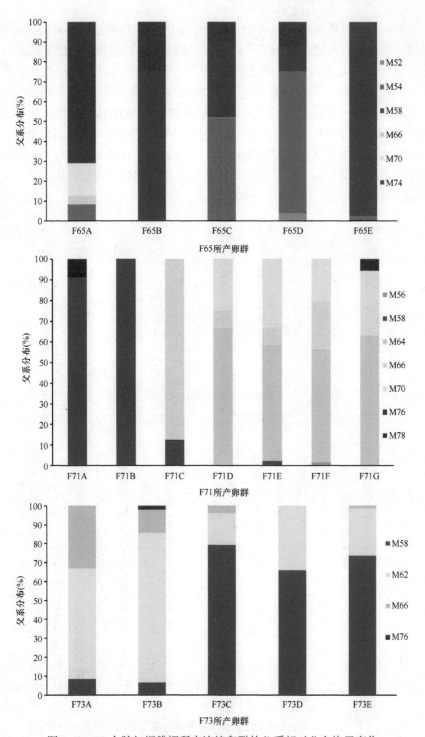

图 3-42　18 个脉红螺雌螺所产连续卵群的父系相对分布格局变化

　　此外，我们发现每个实验组中存在一个或两个优势雄性，其后代在其所在实验组的总后代中所占比例为 16.78%～74.12%（图 3-43），其中低密度组-L-Ⅰ的优势雄性为 M06，其后代在该实验组后代中所占的比例为 47.55%；低密度组-L-Ⅱ的优势雄性为 M16，其后代所占比例为 74.12%；高密度组-H-Ⅰ的优势雄性有两个：M26 和 M48，其后代所占比例分别为 16.78%和 23.01%；高密度组-H-Ⅱ的优势雄性为 M58 和 M74，其后代所占比例分别为 35.97%和 24.23%。此外，雄螺壳长和其受精的幼体数没有显著相关关系（$r=0.021$，$P=0.900$）。雄性与雌性的遗传相似度为 -0.02 ± 0.15（$n=99$），暗示雌雄个体间遗传相似性较低，因此不支持父系分布偏向遗传互补性（Li et al.，1993）。

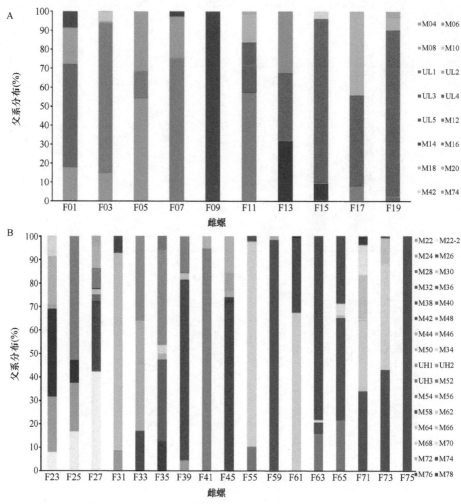

图 3-43　脉红螺每个雌螺所产所有卵群的父系相对分布格局

A 为低密度组，B 为高密度组

第三节　繁　殖　行　为

在腹足类研究中，对繁殖行为学的研究较少，大多集中在繁殖生物学方面。其中，刘庆等（2009）报道了扁玉螺的行为生态及繁殖生物学；郑怀平（2003）则研究了泥螺的行为与繁殖生物学特征；徐武兵等（2011）证实了福寿螺取食和对异性选择行为的差异；潘英对管角螺的繁殖生物学进行了研究；许章程等（2006）报道了细角螺的繁殖生态条件及繁殖习性。

但目前对脉红螺繁殖行为的研究，特别是对其交配行为及产卵行为的研究尚未见报道，本小节主要介绍人工育苗实验过程中脉红螺亲螺的繁殖行为，旨在为脉红螺人工养殖培养方法的改进和管理模式的优化提供理论依据。

一、产卵数量

第一次交配后 20d 左右，雌性脉红螺开始产卵，卵袋呈簇状分布，产卵量变化较大（表 3-7），实验中发现每簇卵袋个数从 9 个到 300 多个不等；产卵时，有多个雌螺轮流将多簇卵袋产在一起的现象，卵袋总数多达 700 个以上。实验发现，亲螺群体 1 和群体 2 分别在交配行为结束后的第 14 天和第 9 天雌螺进行最后一次产卵，说明雌螺有储存精子的现象，且至少可以储存 14d。

表 3-7　亲螺的产卵量

亲螺群体	产卵袋总簇数	产卵袋总数（个）	平均每个雌螺产卵袋数（个）
1	24	1431	59～130
2	2	256	85～128
3	35	2196	63～168

二、产卵聚集行为

绝大多数产卵行为在夜间或黎明前后开始，只有少数在下午或其他时间开始。产卵前，雌螺会对产卵场进行仔细的选择，一般会选择较硬且连续的基质。对于垂直分布的连续基质更偏向于选择靠近水面的地方。在海底没有其他物体可固着的情况下，雌螺常将产出的卵袋固着在已有的卵袋或同种个体的壳表面。选定产卵场后，雌螺会用足前部在其上反复移动约半小时，清理产卵场。产卵开始时，足后端固定，前端向后收缩，使中部空虚，卵袋从腹足口产出的同时，足前端吸附在基质上用力挤压，将卵袋前端的胶质压成圆饼，牢牢附着在基质上，约 10min 卵袋定型完毕，足前端向后移动，将卵袋移动到足中部空虚处，历时 1～2min，然后足前端继续前移产下一个卵袋。卵袋一个挨着一个产出，靠圆饼状的基部相连，形成一列，然后足前移，在这一列的外侧继续弧形移动，形成第二列卵袋，如此重复向前，同时足下的卵袋不断后移，直至产卵结束。产卵结束后，雌螺并不立刻离开，而是趴在卵袋上一段时间，进行护卵。在第一簇卵袋形成以后，大多数雌螺会陆续在此卵袋附近或其上继续产卵，从而形成一个公共产卵区，出现产卵聚集行为（图3-44），雌螺表现出优先选择在已有卵袋的附近产卵，实验统计了3个亲螺群体所产的卵袋总簇数和卵袋的聚集度（表3-8）。

图 3-44　雌螺的产卵聚集现象

表 3-8　三个亲螺群体产卵的聚集度统计

亲螺群体	所产卵袋的总簇数	在同一区域聚集的卵袋簇数	卵袋聚集度（%）
群体 1	9	2	22.22
群体 2	23	7+10（聚集在两处）	73.91
群体 3	16	2+3+4（聚集在三处）	56.25

三、卵袋差异

卵袋的大小、数量与雌螺的个体大小密切相关。一般雌螺个体越大，所产卵袋的个体越大，数量越多，产卵所用的时间也越长。脉红螺的卵袋长管状似刀形。孵化窗口位于刀尖北侧，即卵袋的下方，与之对应的上表面为宽大的卵圆形。这种特殊形态可能是脉红螺对海底缺少适宜产卵基质长期适应的结果，一方面宽大的卵圆形平面增大了脉红螺可用的产卵面积，另一方面孵化窗口位于下方有效避免了被其他卵袋封堵的风险。此外，成形的卵袋可以保证卵袋内受精卵的正常发育，而直接产出的未成形卵袋，其内部的受精卵不能正常发育。刚产出的卵袋为乳白色或乳黄色，随着卵袋内的受精卵发育，颜色逐渐加深，变为浅黄色、深黄色、灰色、黑褐色，此后不久幼体即全部从孵化窗口孵出，进入浮游幼体阶段。不同亲螺产出卵袋性状具有明显差异，比较两种有代表性的典型卵袋的4种指标（表3-9），发现长粗型卵袋的各项指标均优于细短型。

表 3-9　两种卵袋性状的比较

	长粗型	细短型
长度（mm）	24.96±1.69	21.72±1.53
直径（mm）	1.93±0.21	1.34±0.17
刚孵出的幼体大小（μm）	378.33±25.03	339.5±14.52
卵袋中所含幼体个数	2396.67±119.30	1313.33±155.03

第四节　潜 沙 行 为

　　脉红螺稚螺多生活在低潮线附近，能潜入泥沙中捕食瓣鳃类，潜沙行为是稚螺生长过程中至关重要的行为。稚螺潜沙速度快，则可以迅速转入埋栖生活，潜沙速度慢则有可能被水流带走或被敌害捕食，从而降低稚螺的成活率。很多因素对脉红螺稚螺的潜沙行为都有影响，本实验探究了影响潜沙行为的 3 个主要因素：脉红螺规格、水温和底质。

一、脉红螺规格对潜沙的影响

　　脉红螺规格对其潜沙行为有一定的影响，实验中控制水温为 5℃，于细沙（粒径 0.1～0.2mm）底质中，观察 3 种规格脉红螺的潜沙行为。3 种规格脉红螺潜沙率差异不显著（图 3-45），潜沙深度随壳高的增大而逐渐降低（图 3-46）。由此说明，较大规格的脉红螺对低温具有较强的耐受能力，而较小规格的脉红螺需要依靠深入底质中，保护自己不受低温的侵害，从而保证自己正常的生长。

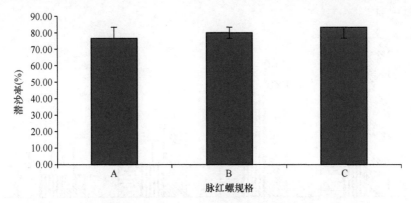

图 3-45　不同规格对脉红螺潜沙率的影响

A. 壳高（2.2±0.2）cm；B. 壳高（3.5±0.4）cm；C. 壳高（7.9±0.3）cm

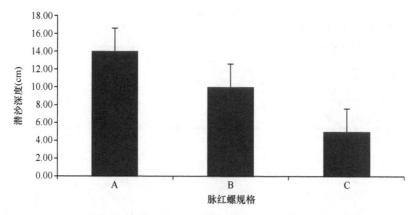

图 3-46 不同规格对脉红螺潜沙深度的影响
A. 壳高（2.2±0.2）cm；B. 壳高（3.5±0.4）cm；C. 壳高（7.9±0.3）cm

二、水温对潜沙的影响

水温变化对脉红螺潜沙行为的影响较为显著。随着水温的升高，3 种规格脉红螺潜沙深度逐渐降低（图 3-47）。3 种规格脉红螺于 5℃时潜沙率最高，随着水温逐渐升高，脉红螺的潜沙率明显降低，水温 20℃时，于细沙（粒径 0.1～0.2mm）底质中，较小规格的稚螺潜沙率为 13.3%，中等规格的螺潜沙率为 16.7%，较大规格的螺潜沙率为 10%，潜沙率达到最低（图 3-48）。底质在脉红螺的生长中可以起到抵御低温的作用，在脉红螺养殖时，应根据水温选择是否应该铺设底质，控制水温，使其更好地生长。

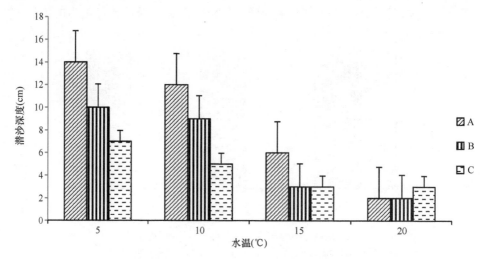

图 3-47 水温变化对脉红螺潜沙深度的影响
A. 壳高（2.2±0.2）cm；B. 壳高（3.5±0.4）cm；C. 壳高（7.9±0.3）cm

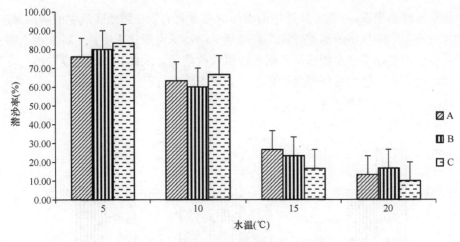

图 3-48　不同水温对脉红螺潜沙率的影响

A. 壳高（2.2±0.2）cm；B. 壳高（3.5±0.4）cm；C. 壳高（7.9±0.3）cm

三、底质对潜沙的影响

不同粒径底质对脉红螺潜沙率影响显著。水温 5℃时脉红螺于细沙（粒径 0.1～
0.2mm）底质中的潜沙率明显高于在粗沙（粒径 1.0～2.0mm）底质中的潜沙率（图
3-49）。可能是由于细沙对脉红螺运动的阻力较小，且冬天有更好的保温作用而导
致脉红螺在细沙中潜沙率较高。冬季应铺设细沙底质，对脉红螺进行保暖防护，
以保证其能够更好地存活。

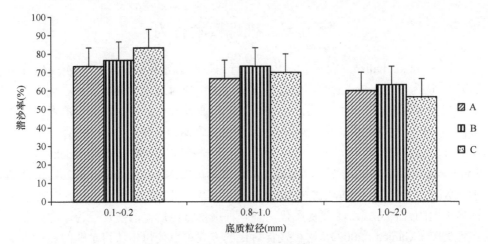

图 3-49　不同底质对脉红螺潜沙率的影响

A. 壳高（2.2±0.2）cm；B. 壳高（3.5±0.4）cm；C. 壳高（7.9±0.3）cm

3 种规格脉红螺在 3 种不同粒径的底质中潜沙深度有差异（图 3-50），对于较

小规格脉红螺来说，在粗沙底质中的潜沙深度显著大于在细沙底质中的潜沙深度，较大规格与中等规格的脉红螺在不同底质中潜沙深度变化不明显。可能由于细沙底质过于细密，影响小规格脉红螺的呼吸代谢功能，因此其潜沙深度较小。在低温潜沙过程中，脉红螺既要保护自己，又要不影响自己的正常生长。

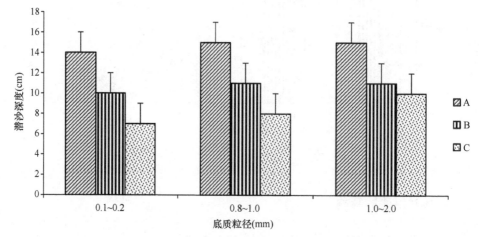

图 3-50　不同底质对脉红螺潜沙深度的影响
A. 壳高（2.2±0.2）cm；B. 壳高（3.5±0.4）cm；C. 壳高（7.9±0.3）cm

综上所述，在脉红螺养殖过程中，需要考虑到其潜沙习性对其生长与生存的重要作用。为保证脉红螺的健康生长，需要考虑什么生长季节铺设底质、铺设怎样的底质，以及对脉红螺生长地的选取，这些对脉红螺的生长繁殖有重要意义。

第五节　稚螺残食行为

残食（cannibalism）是一种种内捕食行为，即杀死并摄食同种生物个体，Fox（1975）认为，残食是在食物、空间等资源急剧短缺时造成种群严重的心理压力之前来减少种群大小的一种行为，生物个体之间通过残食行为，来应对严酷的环境条件，因此使种群得以延续和避免灭绝（Polis，1981）。残食行为普遍存在于生物界的许多物种中，包括陆地上的昆虫、鸟类和一些哺乳动物（Kirkpatrick，1957；Southwick，1955），水中的鱼（Kai et al.，2008；Weissburg et al.，2002）、节肢动物（Wise，2006）、软体动物（Paine，1965）等。残食的物种较多，因此产生了许多不同的残食方式：①残食后代，是一种摄食自己后代的残食行为，主要发生在鱼类中（Manica，2002），这种残食后代的方式可以使母本获得足够的能量来保证下一次繁殖的成功；②残食同胞，是一种摄食同胞兄弟姐妹的残食行为（Brante et al.，2013），这可以使新生后代克服严酷的生存环境，得以健康生长；③残食其他个体，多发生在不同个体竞争相同的食物或空间时，这种行为受到食物、个体的大小、发育阶段、密度和性别等影响（Polis，1981），一些腹足类生物也采用这种残食方式（Paine，1965）。

海洋腹足类，包括玉螺科、骨螺科、蛇螺科等均表现出残食行为，很多人认为腹足类残食的原因是其本身的笨拙或是双壳贝类的缺乏（Carriker，1951；Stanton and Nelson，1980），可是 Kitchell 等（1981）却持有相反的观点，他认为每一次捕食过程中，获得最大能量的猎物选择行为导致了残食行为。Kelley（1991）认为，腹足类捕食者可以熟练操控它的猎物，残食行为受猎物规格大小的影响，当猎物规格较大时，捕食者不能熟练操控猎物。除此之外，食物和密度等因素同样对腹足类的残食有着重要的影响（Chattopadhyay et al.，2014）。

脉红螺隶属于软体动物门腹足纲新腹足目骨螺科红螺属，是我国重要的经济螺类，主要分布在黄渤海一带，足部肥大、味美、营养丰富，深受国内外市场欢迎（魏利平等，1999），但其在附着变态过程和稚螺阶段具有较高的死亡率（潘洋等，2013），残食是人工育苗过程中导致脉红螺稚螺死亡率较高的主要原因之一。

一、脉红螺稚螺的残食行为概述

（一）残食发生阶段

脉红螺浮游幼体完成附着变态，变成稚螺后即可发生残食行为。研究发现，脉红螺壳高达 1180～1240μm（Harding，2006）或 1250～1500μm（潘洋等，2013）即可开始变态，面盘退化、次生壳产生、食性变化（植食性变成肉食性）、足和齿舌产生标志着变态完成，这些都为稚螺提供了残食的基础。

（二）残食方式

残食行为普遍发生在脉红螺中，脉红螺个体可以残食规格较小或者相同的个体。脉红螺成螺的残食方式为包裹残食，即用足将猎物包裹住，通过使猎物窒息或者分泌消化液使猎物死亡后摄食食物（图 3-51C）。稚螺存在两种残食方式：一是钻孔残食（图 3-51A），即稚螺通过足的辅助，采用吻和齿舌在贝壳上钻孔，分泌消化液来摄食食物；二是包裹残食（图 3-51B），同成螺残食。Harding 等（2007）研究认为，壳高<10mm 时，脉红螺采用钻孔残食，壳高>34mm 时，脉红螺采用包裹残食，壳高为 10～34mm 时，采用钻孔和包裹残食。与之不同的是，稚螺壳高<5mm 时，仅发现钻孔残食，而壳高为 5～10mm 时，则发现 86.4%的钻孔残食和 13.6%的包裹残食。不管是钻孔残食（93.3%）还是包裹残食（97.3%），大部分稚螺都会选择残食个体较小或相近（$A/B \leqslant 1$）的猎物（表 3-10）。大部分稚螺钻孔残食的猎物大小与之相差不大（$0.5 < A/B \leqslant 1$）（57.3%），而采用包裹残食时会选择更小的猎物（$0 < A/B \leqslant 0.5$）（69.3%）。

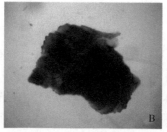

图 3-51　脉红螺的残食方式（Yu et al.，2018）

A. 钻孔残食；B. 包裹残食；C. 成螺残食

表 3-10　在不同猎物和捕食者壳高比值时，钻孔残食或包裹残食的比例（%）（Yu et al.，2018）

	$0<A/B≤0.5$	$0.5<A/B≤1$	$1<A/B≤1.5$	$1.5<A/B≤2$
钻孔残食	36.0	57.3	6.7	0
包裹残食	69.3	28	2.7	0

注：A=猎物壳高，B=捕食者壳高

钻孔是稚螺残食的一种重要方法。一些研究认为钻孔腹足类是一种低效且笨拙的捕食者，如 Stanton 和 Nelson（1980）认为，腹足类会钻孔所有的贝壳，包括空的贝壳。相反，Kelley（1988）研究发现，玉螺科物种可以熟练操纵它的猎物，并且可以在猎物贝壳的特定位置钻孔，这种捕食策略保证了捕食的成功率。脉红螺是一种"聪明"的捕食者，它会选择特定的钻孔位置来提高捕食的成功率，脉红螺又是一种"聪明"的猎物，它会采取措施来躲避捕食。例如，当同种捕食者钻孔体螺层前缘时，猎物会将组织缩进螺旋层来躲避捕食。尽管腹足类是如此"聪明"，但失败的钻孔现象仍然经常发生，其原因可能是：①猎物太大，以至于捕食者无法操控（Kitchell et al.，1981）；②猎物的逃跑行为（Kitchell et al.，1986）；③相同物种间的竞争，包括捕猎、偷取猎物和残食（Hutchings and Herbert，2013）。

相比钻孔残食，包裹残食是一种更有效的方式，因为包裹不需要消耗额外的能量来钻孔。壳高 1.5～5mm 的稚螺，其足尚未发育完全，它们没有足够的能力来包裹脉红螺猎物，随着稚螺的生长，其足逐渐发育，少数的稚螺（13.6%）开始采取包裹残食。但是，相比钻孔残食，包裹较大或相同大小的猎物又是一种较危险的方式，因为猎物反过来也可能成为捕食者，尽管如此，随着稚螺的长大，它们还是会选择包裹残食，一般选择个体较小或者虚弱的猎物。

（三）钻孔位置选择

稚螺在残食同种猎物时，会选择猎物贝壳的 4 处位置。残食的位置主要在体螺层前缘（图 3-52A，约 38.9%）和体螺层中央（图 3-52B，约 44.4%），只有少数在体螺层后缘（图 7-2C，约 11.1%）和螺旋层（图 3-52D，约 5.6%）。钻孔残食有多数钻孔和不完全钻孔现象，但钻孔没有固定位置分布。相比完全钻孔（圆形，光滑的壁，外缘稍斜），不完全钻孔的特点是形状不规则且孔径较小。在猎物和捕食者壳高比值不同时，钻孔位置的选择比例如表 3-11 所示。当猎物较小时（0<A/B≤1），大多数稚螺选择钻孔体螺层前缘和中央位置，相反，当猎物较大时（1<A/B≤2），更多的稚螺选择钻孔体螺层后缘和螺旋层。

图 3-52 稚螺残食时的打孔位置（Yu et al.，2018）

A. 体螺层前缘；B. 体螺层中央；C. 体螺层后缘；D. 螺旋层

表 3-11 在猎物和捕食者壳高比值不同时，钻孔位置的选择比例（%）（Yu et al.，2018）

钻孔位置	0<A/B≤0.5	0.5<A/B≤1	1<A/B≤1.5	1.5<A/B≤2
体螺层前缘	16.67	21.53	0.69	0.00
体螺层中央	15.28	28.47	0.69	0.00
体螺层后缘	2.78	5.56	2.78	0.00
螺旋层	1.39	1.39	2.78	0.00

注：A=猎物壳高，B=捕食者壳高

选择合适的钻孔位置可以提高稚螺的捕食成功率。为了提高捕食成功率，捕食者会根据猎物的大小和强弱来选择钻孔的位置，当捕食者比猎物大或者大小相近时，捕食者在捕食之前可以熟练操控猎物，在这种情况下，在体螺层前缘和中央位置钻孔以获得猎物肉多的足，以此获得更多食物和能量；当猎物较大时，捕食者则选择位置相对安全的体螺层后缘和螺旋层，这个位置不会被猎物攻击到。

（四）脉红螺稚螺钻孔残食时，其壳高与钻孔直径之间的关系

由于脉红螺钻孔残食时间较短，我们通常会得到猎物贝壳上钻孔的直径，却不知道残食者的规格（表 3-12）。采用 SPSS16.0 进行相关分析和线性回归分析，脉红螺稚螺钻孔残食，其壳高（x）和钻孔直径（y）呈正相关关系（$r=0.971$，$P<0.001$），获得线性回归方程 $y=0.045x+0.106$（$F=528.149$，$P<0.001$）（图 3-53）。此公式仅适用于完全钻孔，不适用于不完全钻孔。

表 3-12　基于猎物钻孔直径计算捕食者规格

组别	猎物规格（mm，A）	钻孔直径（mm）	计算捕食者规格（mm，B）	A/B
1	1.60	0.18	1.60	1.00
2	2.20	0.22	2.53	0.87
3	2.48	0.20	2.09	1.18
4	3.54	0.32	4.76	0.74
5	4.19	0.30	4.31	0.97
6	4.21	0.29	4.09	1.03
7	5.82	0.36	5.64	1.03
8	7.83	0.55	9.87	0.79
9	8.27	0.47	8.09	1.02

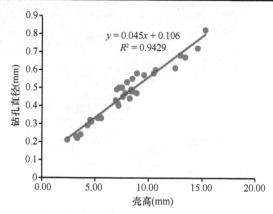

图 3-53　脉红螺稚螺壳高与钻孔直径之间的关系（Yu et al.，2018）

二、饥饿对不同规格脉红螺残食的影响

如图 3-54 所示，不同规格的稚螺在饥饿时，规格较小的稚螺最先出现残食行为，壳高 3mm 以下的稚螺最早在饥饿 2d 即会出现残食行为；饥饿组与喂食组相比，饥饿的稚螺最先出现残食行为，喂食的稚螺也会出现残食行为，但比饥饿的稚螺出现残食行为的时间晚。

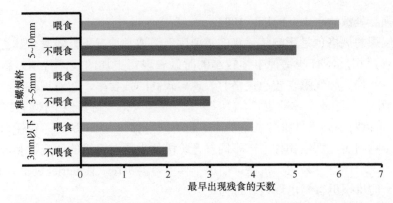

图 3-54　不同规格脉红螺稚螺在不喂食和喂食情况下最早出现残食行为的时间（Yu et al.，2018）

如图 3-55 所示，饥饿和规格均明显影响脉红螺稚螺的残食，在饥饿 7d 的情况下，较小的脉红螺具有较高的残食率，不喂食的脉红螺具有较高的残食率。在许多物种或者物种的某一特殊阶段，残食均会引起较高的死亡率（Polis，1981）。残食是稚螺发育过程中一种重要的行为，也是引起稚螺死亡的主要原因之一。例如，壳高 1.5～3mm 的饥饿组中，发现 57%的死亡率，其中 24%的死亡率是由残食引起的。

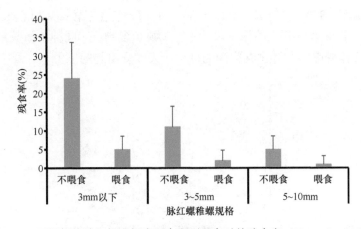

图 3-55　不同规格脉红螺稚螺在喂食和不喂食时的残食率（Yu et al.，2018）

食物是影响脉红螺稚螺残食的重要因素之一。Spanier（1986）研究发现，当双壳贝类缺乏时，骨螺科物种会发生残食行为，当食物缺乏时，骨螺会增加残食的强度，当提供食物时，没有残食行为发生。Chattopadhyay 等（2014）发现，随着食物数量减少，斑玉螺的残食率会增加。同样，脉红螺在缺少食物时，其残食率会明显增加，然而，实验发现，存在食物时，脉红螺稚螺依然会发生残食行为，这可能是因为饥饿刺激稚螺搜寻食物，增加了稚螺之间的接触，使弱小的稚螺易于受到强壮稚螺的攻击（Polis，1981）。

脉红螺的规格也是影响其残食的重要因素。通常情况下，较大个体更容易成为残食者，相反，有些物种个体较小的时候表现得更加凶残，特别是新生个体（Polis，1981）。脉红螺在较小规格时表现出较高的残食率，随着规格变大，其残食率逐渐降低。随着个体的生长，它们变得足够强大来应付其他个体的残食（Fox，1975）。饥饿对不同规格稚螺残食的影响也不同，如图 3-55 所示，饥饿对规格小的稚螺影响明显，水生物种中，不同发育阶段的生物对饥饿的适应性和容忍性是不同的，大个体更容易适应饥饿，而小个体更容易饥饿（Bougrier et al.，1995），因此较小的稚螺更容易出现残食行为。

三、不同密度对脉红螺稚螺残食的影响

密度对脉红螺稚螺残食有一定影响，密度越大，其残食率越高。高密度引起种内生物空间的减少，增加了生物的相遇率，导致残食率的增加，换句话说，残食也是获得足够食物和栖息地空间的一种策略。较高密度导致更多弱小的个体产生，这些弱小的个体很容易被残食。同时，随着密度增加，非残食引起的死亡率增加。例如，当密度为 5 个/L 时，稚螺具有较低的残食率（3.3%）（图 3-56）和较高的成活率（87%），当密度增加到 50 个/L 时，残食率较高（14.67%），成活率较低（70%）。非残食死亡的原因可能是：①缺少食物；②同种个体数量的增加会导致其他个体变虚弱；③生存空间的减少；④残食引起的压力。

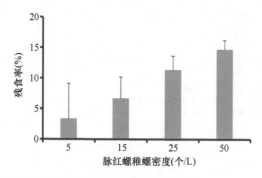

图 3-56 不同密度下脉红螺稚螺残食率（Yu et al.，2018）

四、减少脉红螺稚螺残食的方法

及时投喂饵料是减少脉红螺稚螺残食的重要方法。如图 3-57 所示，实验采用 5 种双壳贝类为饵料，发现脉红螺稚螺更喜欢摄食菲律宾蛤仔稚贝（图 3-58，壳高<10mm），最不喜欢摄食紫贻贝，因此，在育苗过程中，在脉红螺附着变态后

及时投喂菲律宾蛤仔稚贝可以大大减少脉红螺稚螺的残食。也可以选择混合投喂扇贝、牡蛎和蛤蜊，为脉红螺稚螺的生长提供丰富的营养。不建议投喂紫贻贝：一是因为脉红螺不喜摄食，二是因为紫贻贝固着分泌足丝，可能会缠绕稚螺，导致稚螺死亡。

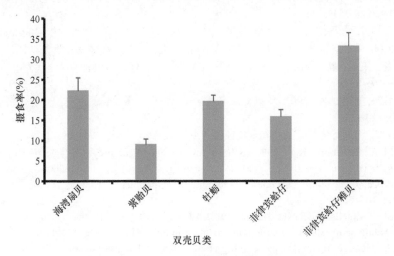

图 3-57　脉红螺对不同双壳贝类摄食的选择

图 3-58　菲律宾蛤仔稚贝（A）和稚螺捕食菲律宾蛤仔贝时，在贝壳上残留的钻孔（B）

主要参考文献

刘吉明, 任福海, 杨辉. 2003. 脉红螺生态习性的初步研究. 水产科学, 22(1): 17-18.

刘庆, 徐兴华, 陈燕妮. 2009. 扁玉螺的形态以及行为与繁殖生物学的初步研究. 齐鲁渔业, (2): 14-16.

潘洋, 邱天龙, 张涛, 等. 2013. 脉红螺早期发育的形态观察. 水产学报, 37(10): 1503-1512.

宋军鹏, 房建兵, 宋浩, 等. 2016. 饵料、温度和个体规格对脉红螺摄食的影响. 海洋科学, 40(1): 48-53.

宋亮, 韩晓磊, 江军, 等. 2013. 克氏原螯虾精子竞争研究. 水产科学, 32(6): 338-342.

王平川, 张立斌, 潘洋, 等. 2013. 脉红螺摄食节律的研究. 水产学报, 37(12): 1807-1814.

魏利平, 邱盛尧, 王宝钢, 等. 1999. 脉红螺繁殖生物学的研究. 水产学报, (2): 150-155.

魏利平, 王宝钢. 1999. 脉红螺繁殖生物学的研究. 水产学报, 23: 150-155.

徐武兵, 钟秋华, 李林峰, 等. 2011. 雌雄福寿螺取食和对异性选择行为的差异. 生态学杂志, 30(11): 2528-2533.

许章程, 王初升, 张玉生. 2006. 细角螺的繁殖生态条件及繁殖习性. 水产学报, 30(6): 848-851.

薛东秀. 2014. 脉红螺繁殖行为和群体遗传特征研究. 北京: 中国科学院大学博士学位论文.

杨凤, 曾超, 王华, 等. 2016. 环境因子及规格对菲律宾蛤仔幼贝潜沙行为的影响. 生态学报, 36(3): 795-802.

张天时, 孔杰, 刘萍, 等. 2007. 中国对虾家系建立及不同家系生长发育的初步研究. 海洋学报, 29(3): 120-124.

郑怀平. 2003. 泥螺行为与繁殖生物学特征的初步研究. 海洋科学, 27(1): 69-71.

Barbeau M A, Scheibling R E. 1994. Behavioral mechanisms of prey size selection by sea stars (*Asterias vulgaris* Verrill) and crabs (*Cancer irroratus* Say) preying on juvenile sea scallops (*Placopecten magellanicus*(Gmelin)). Journal of Experimental Marine Biology & Ecology, 180(1): 103-136.

Benfield M C, Minello T J. 1996. Relative effects of turbidity and light intensity on reactive distance and feeding of an estuarine fish. Environmental Biology of Fishes, 46(2): 211-216.

Bougrier S, Geairon P, Deslouspaoli J M, et al. 1995. Allometric relationships and effects of temperature on clearance and oxygen consumption rates of *Crassostrea gigas* (Thunberg). Aquaculture, 134: 143-154.

Brante A, Fernández M, Viard F. 2013. Non-random sibling cannibalism in the marine gastropod *Crepidula coquimbensis*. PLoS One, 8(6): e67050.

Breitburg D. 1994. Effects of low oxygen on predation on estuarine fish larvae. Marine Ecology Progress, 104(3): 235-246.

Carriker M. 1998. Predatory gastropod traces: a comparison of verified shallow-water and presumed deep sea boreholes. American Malacological Bulletin, 14(2): 121-131.

Chattopadhyay D, Sarkar D, Dutta S, et al. 2014. What controls cannibalism in drilling gastropods? A case study on *Natica tigrina*. Palaeogeography, Palaeoclimatology, Palaeoecology, 410: 126-133.

Chesson J. 1978. Measuring preference in selective predation. Ecology, 59(2): 211-215.

Crimaldi J, Koseff J. 2001. High-resolution measurements of the spatial and temporal scalar structure of a turbulent plume. Experiments in Fluids, 31(1): 90-102.

Eberhard WG, Cordero C. 1995. Sexual selection by cryptic female choice on male seminal products-a new bridge between sexual selection and reproductive physiology. Trends in Ecology & Evolution, 10: 493-496.

Ferner M C, Weissburg M J. 2005. Slow-moving predatory gastropods track prey odors in fast and turbulent flow. Journal of Experimental Biology, 208(5): 809-819.

Fox L R. 1975. Cannibalism in natural populations. Annual Review of Ecology and Systematics, 6(1): 87-106.

Giberto D A, Schiariti A, Bremec C S. 2011. Diet and daily consumption rates of *Rapana venosa* (Valenciennes, 1846) (Gastropoda: Muricidae) from the Río de la Plata (Argentina-Uruguay). Journal of Shellfish Research, 30(2): 349-358.

Harding J M. 2006. Growth and development of veined rapa whelk *Rapana venosa* veligers. Journal of Shellfish Research, 25(3): 941-946.

Harding J M, Kingsley-Smith P, Savini D, et al. 2007. Comparison of predation signatures left by Atlantic oyster drills (*Urosalpinx cinerea* Say, Muricidae) and veined rapa whelks (*Rapana venosa* Valenciennes, Muricidae) in bivalve prey. Journal of Experimental Marine Biology and Ecology, 352(1): 1-11.

Himmelman J H, Dutil C, Gaymer C F. 2005. Foraging behavior and activity budgets of sea stars on a subtidal sediment bottom community. J Exp Mar Biol Ecol, 322: 153-165.

Hu N, Wang F, Zhang T, et al. 2016. Prey selection and foraging behavior of the whelk *Rapana venosa*. Marine Biology, 163(11): 233.

Hughes R N. 1980. Optimal foraging theory in the marine context. Nature, 18(5621): 423-481.

Hutchings J A, Herbert G S. 2013. No honor among snails: conspecific competition leads to incomplete drill holes by a naticid gastropod. Palaeogeography, Palaeoclimatology, Palaeoecology, 379: 32-38.

Jennions M D, Petrie M. 2000. Why do females mate multiply? A review of the genetic benefits. Biological Reviews, 75: 21-64.

Jensen M, Abreu-Grobois F, Frydenberg J, et al. 2006. Microsatellites provide insight into contrasting mating patterns in arribada vs. non-arribada olive ridley sea turtle rookeries. Molecular Ecology, 15: 2567-2575.

Kabat A. 1990. Predatory ecology of naticid gastropods with a review of shell boring predation. Malacologia, 32: 155-193.

Kai Y, Qixue F, Wenkui L. 2008. Effects of size heterogeneity and prey density on cannibalism among larval and juvenile hybrid snakehead (*Channa maculate* ♀×*C. argus* ♂). Journal of Huazhong Agricultural University, 27(2): 279-283.

Kamio M, Derby C D. 2017. Finding food: how marine invertebrates use chemical cues to track and select food. Natural Product Reports, 34(5): 514-528.

Kelley P H. 1988. Predation by Miocene gastropods of the Chesapeake group: stereotyped and predictable. Palaios, 3(4): 436-448.

Kelley P H. 1991. Apparent cannibalism by Chesapeake group naticid gastropods: a predictable result of selective predation. Journal of Paleontology, 65(1): 75-79.

Kirkpatrick T W. 1957. Insect Life in the Tropics. London: Longmans, Green & Co.

Kitchell J A, Boggs C H, Kitchell J F, et al. 1981. Prey selection by naticid gastropods: experimental tests and application to the fossil record. Paleobiology, 7(4): 533-552.

Kitchell J A, Boggs C H, Rice J A, et al. 1986. Anomalies in naticid predatory behavior: a critique and experimental observations. Malacologia, 27(2): 291-298.

Li C, Weeks D, Chakravarti A. 1993. Similarity of DNA fingerprints due to chance and relatedness. Human Heredity, 43: 45-52.

Liszka D, Underwood A J. 1990. An experimental design to determine preferences for gastropod shells by a hermit-crab. Journal of Experimental Marine Biology & Ecology, 137(1): 47-62.

Liu J X, Tatarenkov A, Teejay A, et al. 2013. Molecular evidence for multiple paternity in a population of the viviparous tule perch *Hysterocarpus traski*. Journal of Heredity, 104: 217-222.

Manica A. 2002. Filial cannibalism in teleost fish. Biological Reviews, 77(2): 261-277.

Moore P A, Grills J L. 1999. Chemical orientation to food by the crayfish *Orconectes rusticus*: influence of hydrodynamics. Animal Behaviour, 58(5): 953-963.

Nadeau M, Barbeau M A, Brêthes J C. 2009. Behavioural mechanisms of sea stars (*Asterias vulgaris* Verrill and *Leptasterias polaris* Müller) and crabs (*Cancer irroratus* Say and *Hyas araneus* Linnaeus) preying on juvenile sea scallops (*Placopecten magellanicus* (Gmelin)), and procedural effects of scallop tethering. Journal of Experimental Marine Biology and Ecology, 374(2): 134-143.

Paine R T. 1965. Natural history, limiting factors and energetics of the opisthobranch *Navanax inermis*. Ecology, 46(5): 603-619.

Palmer M A. 1988. Epibenthic predators and marine Meiofauna: separating predation, disturbance, and hydrodynamic effects. Ecology, 69(4): 1251-1259.

Pastorok R A. 1981. Prey vulnerability and size selection by *Chaoborus* larvae. Ecology, 62(5): 1311-1324.

Polis G A. 1981. The evolution and dynamics of intraspecific predation. Annual Review of Ecology and Systematics, 12(1): 225-251.

Powers S P, Kittinger J N. 2002. Hydrodynamic mediation of predator–prey interactions: differential patterns of prey susceptibility and predator success explained by variation in water flow. Journal of Experimental Marine Biology and Ecology, 273(2): 171-187.

Pyke G H, Pulliam H R, Charnov E L. 1977. Optimal foraging: a selective review of theory and tests. Q Rev Biol, 52: 137-154.

Rapport D J, Turner J E. 1970. Determination of predator food preferences. Journal of Theoretical Biology, 26(3): 365-372.

Reinsel K A, Dan R. 1995. Environmental regulation of foraging in the sand fiddler crab *Uca pugilator* (Bosc 1802). Journal of Experimental Marine Biology & Ecology, 187(2): 269-287.

Savini D, Harding J M, Mann R. 2002. Rapa whelk *Rapana venosa* (Valenciennes, 1846) predation rates on hard clams *Mercenaria mercenaria* (Linnaeus, 1758). Journal of Shellfish Research, 21(2): 777-779.

Savini D, Occhipintiambrogi A. 2006. Consumption rates and prey preference of the invasive gastropod *Rapana venosa* in the Northern Adriatic Sea. Helgoland Marine Research, 60(2): 153-159.

Schoener T W. 1982. The controversy over interspecific competition: despite spirited criticism, competition continues to occupy a major domain in ecological thought. American Scientist, 70: 586-595.

Sih A, Moore R D. 1990. Interacting effects of predator and prey behavior in determining diets// Hughes R N. Behavioural Mechanisms of Food Selection. Berlin Heidelberg: Springer: 771-796.

Sih A, Wooster D E. 1994. Prey behavior, prey dispersal, and predator impacts on stream prey. Ecology, 75(5): 1199.

Southwick C H. 1955. Regulatory mechanisms of house mouse populations: social behavior affecting litter survival. Ecology, 36(4): 627-634.

Spanier E. 1986. Cannibalism in muricid snails as a possible explanation for archaeological findings. Journal of Archaeological Science, 13(5): 463-468.

Stanton Jr R J, Nelson P C. 1980. Reconstruction of the trophic web in paleontology: community structure in the Stone City Formation (Middle Eocene, Texas). Journal of Paleontology, 54(1): 118-135.

Stephens D W, Krebs J R. 1986. Foraging Theory. Princeton: Princeton University Press.

Uller T, Olsson M. 2008. Multiple paternity in reptiles: patterns and processes. Molecular Ecology, 17: 2566-2580.

Vickers N J. 2000. Mechanisms of animal navigation in odor plumes. The Biological Bulletin, 198(2): 203-212.

Wang J. 2004. Sibship reconstruction from genetic data with typing errors. Genetics, 166: 1963-1979.

Wang J. 2011. Coancestry: a program for simulating, estimating and analysing relatedness and inbreeding coefficients. Molecular Ecology Resources, 11: 141-145.

Weissburg M J. 2000. The fluid dynamical context of chemosensory behavior. The Biological Bulletin, 198(2): 188-202.

Weissburg M J, Dusenbery D B, Ishida H, et al. 2002. A multidisciplinary study of spatial and temporal scales containing information in turbulent chemical plume tracking. Environmental Fluid Mechanics, 2(1-2): 65-94.

Weissburg M J, Zimmer-Faust R K. 1993. Life and death in moving fluids: hydrodynamic effects on chemosensory-mediated predation. Ecology, 74(5): 1428.

Wise D H. 2006. Cannibalism, food limitation, intraspecific competition, and the regulation of spider populations. Annu Rev Entomol, 51: 441-465.

Wong M C, Barbeau M A. 2005. Prey selection and the functional response of sea stars (*Asterias vulgaris* Verrill) and rock crabs (*Cancer irroratus* Say) preying on juvenile sea scallops (*Placopecten magellanicus* (Gmelin)) and blue mussels (*Mytilus edulis* Linnaeus). Journal of Experimental Marine Biology & Ecology, 327(1): 1-21.

Yu Z L, Wang H, Song H, et al. 2018. Cannibalism by the juveniles of the gastropod *Rapana venosa* (Muricidae) reared under laboratory conditions. Journal of Molluscan Studies, 83(3): 303-309.

Zimmer-Faust R K. 1995. Odor plumes and animal navigation in turbulent water flow: a field study. The Biological Bulletin, 134(3): 133-144.

第四章 脉红螺生长发育

第一节 脉红螺膜内幼体发育与孵化

一、幼体发育与形态分期

目前，国内外对海洋腹足类胚胎和幼体发育的研究主要有：网织纹螺（*Nassarius reticulstus*）和红秀织纹螺（*N. incrassatus*）（Lebour，1931）、日本东风螺（*Babylonia japonica*）（波部和忠重，1944）、强棘红螺（*Rapana thomasiana*）（李嘉泳，1959）、波部东风螺（*Babylonia formosai habei*）（Chen，2004）和扁玉螺（*Glossaulax didyma*）（刘庆和孙振兴，2008）等。关于脉红螺的早期发育，仅 Harding（2006）研究了脉红螺浮游幼体的形态发育和生长特征。

由于国内外学者对脉红螺早期形态发育的研究缺乏系统性和全面性，不同学者对脉红螺幼体的发育时期划分、各时期形态特征、附着变态时机及特征等结论不统一，分歧较大。因此，本节对脉红螺的胚胎发育进行了详细的观察和研究，从形态学角度确定了脉红螺的胚胎发育过程，重新划分了脉红螺胚胎发育的时期，明确了各时期主要特征及对应的发育时间，进一步丰富了脉红螺发育生物学研究基础，为脉红螺的人工育苗技术提供了理论支撑。

（一）实验材料和方法

实验所用脉红螺亲螺于 2012 年 3 月初挑选自丹东近海，运至山东俚岛海洋科技股份有限公司海带育苗场。置于水泥池中进行暂养，人工升温促熟，自然交配产卵。亲螺产卵后，用小刀把卵囊从池壁上刮下，放入孵化池中孵化。待卵囊内幼体放散后将幼体移入水泥育苗池（3.5m×5.2m×1.2m）中培养。孵化期间，对于同批次所产卵囊每天连续取样；幼体培育期间，每天对培育池中的幼体进行随机取样，然后将所取样品置于光学显微镜下观察和拍照，记录幼体的发育阶段和形态学特征。采用目微尺测量脉红螺浮游幼体的壳高与壳宽，如图 4-1 所示，ab 为幼体壳高，cd 为幼体壳宽。

（二）脉红螺的胚胎发育

脉红螺产卵时先将卵囊基部产出并黏附于基质上，卵囊成簇分布，单簇卵囊数目几根至几百根不等，呈菊花状排列，也有多簇卵囊群集而组成一大簇卵囊。

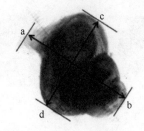

图 4-1　脉红螺浮游幼体形态测量（潘洋等，2013）

脉红螺雌螺所产卵囊长短不一，同簇之间，卵囊长度差别不明显，但簇与簇之间差别较大。单根卵囊呈细长棒形，表面光滑，内部充满透明胶状液体，受精卵均匀分布于该液体中。卵囊全长 15～25mm，内含受精卵 1500～2000 个。刚产出的卵囊呈淡黄色，较透明，随着孵化天数增加，卵囊颜色逐渐变深，由淡黄色变为橙色、棕色，最后变为黑色，卵囊顶部的凹陷逐渐明显，最终顶部的凹陷破裂为一圆形小孔，孵化出的浮游幼体由卵囊顶端的小孔释放到水体中。脉红螺胚胎发育的分期及时间和形态特点见表 4-1 和图 4-2。

表 4-1　脉红螺的胚胎发育（25℃）（潘洋等，2013）

发育阶段	发育时间	平均大小（长×宽）/μm	形态特点
卵裂期	第 1～2 天	(210±1.24)×(210±1.24)	脉红螺的受精卵为圆形，卵径 210μm 左右。随后，受精卵先后排放出第一极体和第二极体，极体排出后开始进行卵裂，脉红螺的卵裂为盘状卵裂，受精卵经历 2 细胞期、4 细胞期和多细胞期
囊胚期	第 3～6 天	(225±5.31)×(220±2.35)	第 3 天，胚胎发育进入囊胚期，此时胚胎直径最大处约 225μm，分裂球之间的界限模糊不清，数量快速增加
原肠胚期	第 7～9 天	(240±6.16)×(223±4.14)	胚胎发育经历原肠胚期，原肠胚期动物极外翻向下包被植物极，胚胎中部出现凹痕
单轮幼体期	第 10 天	(285±3.71)×(165±7.32)	胚胎发育到单轮幼体期，单轮幼体期胚胎拉长呈椭圆形，大小为 285μm×165μm，面盘还未形成，该时期并不明显，主要向膜内面盘幼体过渡，此时卵囊呈深黄色
膜内面盘幼体期	第 11～12 天	(270±2.59)×(160±5.46)	幼体发育为膜内面盘幼体，胚胎仍为椭圆形，胚胎中下部可见胚壳轮廓，面盘已形成，面盘边缘已出现纤毛，此时卵囊颜色加深，由深黄色变为棕灰色
膜内面盘幼体期	第 12～13 天	(280±5.72)×(200±4.97)	幼体胚壳形成，表面出现雕刻，可见胚壳纹理，面盘面积增大，表面密布纤毛，出现足原基和厣，幼体大小为 280μm×200μm，可在原地频繁摆动
膜内面盘幼体期	第 14～15 天	(330±4.72)×(244±6.93)	卵囊颜色变为黑色，从外部可见卵囊内颗粒状的幼体，此时幼体的初生壳已具有 1 螺层，外形酷似鹦鹉螺，面盘左右两叶，一大一小，面盘表面边缘布满可自由摆动的纤毛
膜内面盘幼体期	第 16 天	(340±9.35)×(280±8.36)	卵囊顶部小孔破裂，幼体孵出，大小为 340μm×280μm，在水中自由浮游生活，开始浮游幼体发育阶段

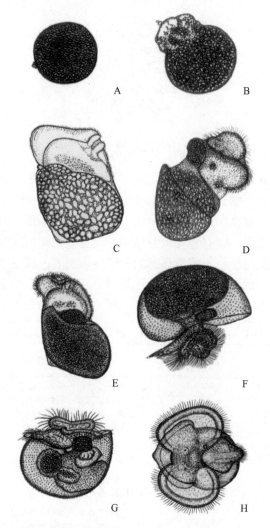

图 4-2　脉红螺胚胎发育示意图（潘洋等，2013）

A. 受精卵（第1天）；B. 囊胚（第3天）；C. 原肠胚（第9天）；D. 膜内单轮幼体（第10天）；E. 膜内面盘幼体（第11天）；F. 膜内面盘幼体（第12天）；G. 膜内面盘幼体（第14天）；H. 膜内面盘幼体（第16天）

二、温度对幼体孵化的影响

（一）温度对孵化时间和孵化幼体大小的影响

温度对孵化时间有着显著的影响。为探究这一问题，设计实验，实验温度为16～34℃，每隔 3℃设一实验组。实验结果表明，在适宜的温度范围内，胚胎的发育随着温度的升高而加快。这一结论与 Spight（1975）的实验结果相吻合。在16～34℃内，随着温度的上升，脉红螺卵袋的孵化时间缩短。最长的孵化时间出现在最低温 16℃，为 34d；最短的孵化时间出现在最高温 34℃，为 12d。与此相似，李嘉泳（1959）指出，在 21～27℃内，脉红螺胚胎的发育随温度的升高而加速。这可能是由于在高温条件下酶的活力更高，从而使幼体发育速度得到加快（包永波和尤仲杰，2004）。此外，孵化时间在 22～25℃内变化幅度最大，相差 8d（图 4-3）；而当孵化温度大于 25℃以后，孵化时间的减少非常缓和。孵化时间与孵化温度之间曲线模型的多项式为 $y=-32.09\ln x+122.76$（$R^2=0.9484$）。

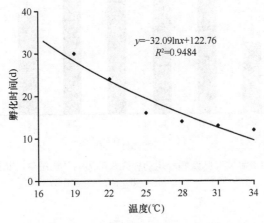

图 4-3 脉红螺孵化时间与孵化温度的函数关系（班绍君，2013）

孵化温度对孵化幼体大小也具有显著影响（图 4-4，图 4-5）。19℃条件下孵化的幼体壳长大于 22℃条件下孵化的幼体壳长。除 19℃以外，孵化幼体大小随孵化温度的升高而增大；当孵化温度超过 28℃以后，孵化幼体大小随孵化温度的升高而减小。28℃时孵化幼体壳长最大 ［$X\pm SE$=（387±2.137）μm，N=30］，且显著大于其他组幼体壳长（$P<0.05$）（但与 25℃组差异不显著）。温度 34℃条件下孵化的幼体壳长最小 ［$X\pm SE$=（338.26±3.74）μm，N=30］，与 16℃条件下孵化的幼体壳长没有显著差异（$P>0.05$），但二者均与其他温度下孵化的幼体壳长具有显著差异（$P<0.05$）。壳高随孵化温度的变化趋势与壳长相似，只是幼体壳高最大时的孵化温度为 25℃，而非壳长最大时的 28℃，但壳高在 25℃和 28℃条件下没有显著差异（$P>0.05$），最小的幼体壳高也出现在 34℃，且与其他温度条件下的幼体壳高具有显著差异（$P<0.05$）。

脉红螺属广温动物，对高温的耐受性尤为显著。实验发现，脉红螺孵化的温度耐受下限是 16℃；实验中的孵化温度最高达 34℃时，幼体仍然能成功孵化。Thorson（1950）指出，为了保证胚胎和幼体的正常发育，产卵温度常常处于生物体自身的最大耐受范围之内。另外，魏利平等（1999）等指出，脉红螺的产卵温度为 19～26℃。Harding 等（2008）报道称，在切萨皮克湾，脉红螺产卵的最低温度约为18℃。因此，脉红螺卵袋孵化的温度下限不应过多地低于产卵的温度下限，即18℃。卵袋孵化对高温具有较高的耐受性，这与脉红螺在高温季节产卵，且产卵地选择水温较高的沿岸带水域的繁殖行为相符（Wu，1988）。

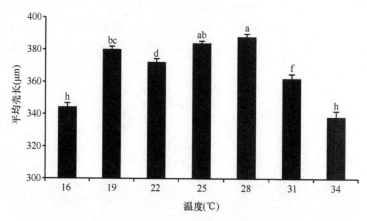

图4-4　温度对脉红螺孵化幼体壳长的影响（班绍君，2013）
不同字母（a、b、c、d、f、h）表示差异显著（*P*<0.05）

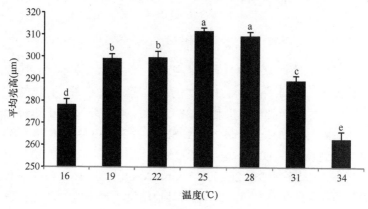

图4-5　温度对脉红螺孵化幼体壳高的影响（班绍君，2013）
不同字母（a、b、c、d、e）表示差异显著（*P*<0.05）

（二）温度对孵化后幼体生长率和存活率的影响

孵化温度对孵化后幼体生长率和存活率都有显著影响。日均壳长增长率见图4-6。孵化后的前5d，16℃、19℃和22℃组的壳长增长率较大，从（20.07±0.82）μm/d增长到（50.82±1.32）μm/d。随后，较大的日均壳长增长率出现在25℃、28℃、31℃和34℃实验组，从（26.18±3.27）μm/d增长到（57.48±2.23）μm/d。另外，在孵化后的前10d，除22℃组外，其他各组的日均壳长增长率均呈上升趋势，而10d之后，除34℃组外，所有实验组的日均壳长增长率均呈下降趋势。

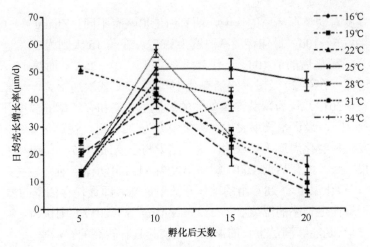

图 4-6　孵化温度对后续幼体日均壳长增长率的影响（班绍君，2013）

幼体壳长在孵化后的前 15d 呈现一定的规律性，即随温度的升高而先升高再降低。但对于最大平均壳长的温度，仍存在争议。班绍君（2013）认为，从 16℃到 22℃依次升高，而后从 22℃到 34℃依次降低，峰值温度为 22℃。而 Zhang 等（2017）则认为从 16℃到 31℃依次升高，而后从 31℃到 34℃依次降低，峰值温度为 31℃（图 4-7）。虽然二者的峰值温度不同，但是壳长随温度的变化趋势近乎相同，这可能是由于脉红螺幼体用于游泳和摄食的面盘纤毛在较高温度下具有更高的摆动速率（Davis and Calabrese，1964），以及在高温下新陈代谢消耗的能量减少，从而有更多的能量供给生长发育（Rico-Villa et al.，2009）。但温度过高则会导致水质恶化（Liu et al.，2009）和藻类死亡（Calabres，1969；Ukeles，1961），从而抑制脉红螺的生长。

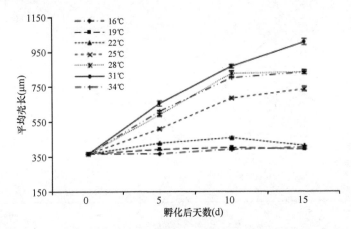

图 4-7　不同温度下孵化的脉红螺幼体的壳长（Zhang et al.，2017）

对于温度对幼体存活率的影响，两者结论也略有不同。Zhang 等（2017）认为，在孵化后 5～10d，最佳存活率温度为 28℃，在第 15 天则为 31℃。而班绍君（2013）认为，孵化后的前 10d，最佳存活率温度为 19～25℃，而第 15 天为 28℃，并向两侧递减；在第 20 天时，存活率从 19℃到 25℃依次递增。

班绍君（2013）认为，脉红螺幼体的最优生长率和存活率的温度并不统一。在孵化后前 10d，最优生长率发生在孵化温度为 22℃组，在孵化后 15～20d，最优生长率发生在孵化温度为 25℃组。这一结果与李嘉泳（1959）和魏利平等（1999）的研究结果一致。孵化后前 10d，孵化温度为 31℃组幼体存活率最高；而在孵化后第 15 天，孵化温度为 28℃组的幼体存活率最高，即最佳存活率的温度为 28～31℃，大于最佳生长率的温度 22～25℃。Zhang 等（2017）则认为，在孵化后前 15d，28～31℃既能够满足生长的需求，也使其具有较高的存活率。

三、盐度对幼体孵化的影响

（一）盐度对孵化时间和孵化幼体大小的影响

盐度对孵化时间的影响较温度缓和。设计实验盐度为 5～45，盐度间隔为 5，共 9 个梯度，水温 25℃。实验结果表明，卵袋的孵化时间在盐度 25 条件下最短，为 15d，盐度增加或降低，孵化时间均增加。王军等（2003）的实验结果得到了同样的趋势，但其实验中的最短孵化时间发生在盐度 29.5。这可能是因为其实验设计的盐度梯度比我们的跨度大，从 23 直接到达 29.5，未涉及 25。在盐度 40 和 10 条件下孵化时间最长，分别为 21d 和 25d（图 4-8）。孵化时间与孵化盐度回归分析的多项式为 $y=0.0352x^2-1.8476x+38.786$（$R^2=0.9151$）。

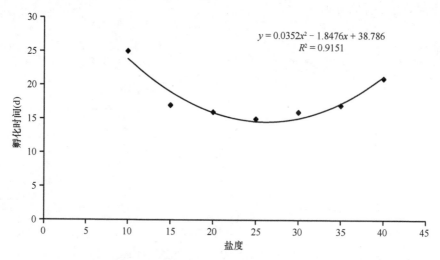

图 4-8　孵化时间与孵化盐度的函数关系（班绍君，2013）

　　盐度对于孵化幼体的大小有显著影响（图4-9，图4-10）。在盐度35和40条件下，孵化幼体的壳长显著大于其他盐度组（$P<0.05$）；在盐度10和15条件下，孵化幼体的壳长显著小于其他盐度组（$P<0.05$）；在盐度20、25和30条件下，孵化幼体的壳长没有显著差异（$P>0.05$），但与其他组幼体的壳长具有显著差异（$P<0.05$）。壳高随盐度的变化趋势与壳长相似。在盐度30、35和40条件下，孵化幼体的壳高较大，且与其他盐度组幼体的壳高具有显著差异（$P<0.05$）。低盐度10组和15组孵化幼体的壳高显著低于其他盐度组（$P<0.05$）。

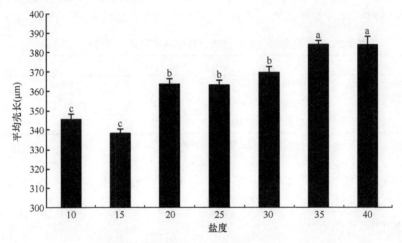

图4-9　盐度对脉红螺孵化幼体壳长的影响（班绍君，2013）

不同字母（a、b、c）表示差异显著（$P<0.05$）

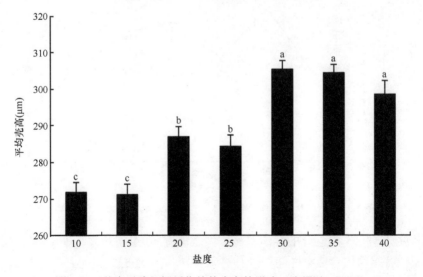

图4-10　盐度对脉红螺孵化幼体壳高的影响（班绍君，2013）

不同字母（a、b、c）表示差异显著（$P<0.05$）

（二）盐度对孵化后幼体生长率和存活率的影响

盐度对孵化后幼体的生长率和存活率都有显著影响。表 4-2 展示了不同孵化盐度对孵化后幼体壳长的影响。在孵化后第 10 天，盐度 30 和 35 组的壳长分别为（852.03±11.55）μm 和（854.81±9.46）μm，显著大于盐度 20 组（$P<0.05$）；盐度 20 组的壳长大于盐度 25 组，但二者没有显著差异（$P>0.05$）；盐度 15 组的壳长显著小于其他各组（$P<0.05$）。在孵化后第 20 天，最大壳长和最小壳长的盐度分别为 20 和 35。而盐度 20 组的壳长与盐度 25 组没有显著差异（$P>0.05$），盐度 30 组和 35 组没有显著差异（$P>0.05$），其余各组间均有显著差异（$P<0.05$）。

表 4-2　不同盐度孵化的脉红螺幼体的平均壳长（班绍君，2013）

	15	20	25	30	35	40
0d	338.26±2.235[e]	363.58±2.784[c]	363.09±2.62[c]	369.62±3.006[b]	383.1±2.055[a]	383.83±4.36[a]
5d	485.10±4.46[g]	488.37±6.60[g]	560.40±7.90[ab]	553.05±7.70[b]	576.24±6.31[a]	517.20±7.10[e]
10d	552.39±13.11[g]	816.18±13.[bc]	782.69±13.37[c]	852.03±11.55[a]	854.81±9.46[a]	732.57±14.03[e]

注：不同字母（a、b、c、d、e、g）表示差异显著（$P<0.05$）

日均壳长增长率（图 4-11）在盐度为 30 和 35 时较高，为（36.68±1.54）～（59.8±2.31）μm/d；在盐度为 15、25 和 40 时较低，为（26.67±0.89）～（44.46±2.67）μm/d。

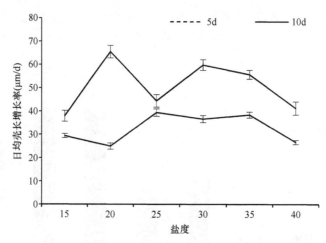

图 4-11　不同盐度孵化的幼体日均壳长增长率（班绍君，2013）

盐度 25 和 35 组幼体的存活率显著大于盐度 40 组的幼体（$P<0.05$），但这三组和其他各组幼体存活率之间均没有显著差异（$P>0.05$）（图 4-12）。

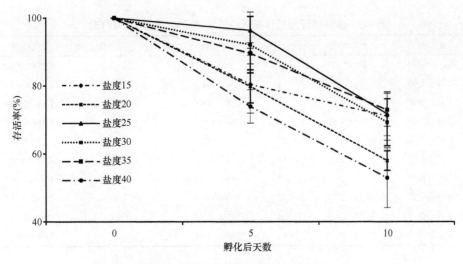

图 4-12 不同盐度孵化的幼体存活率（班绍君，2013）

根据 Mann 和 Harding（2003）的研究，栖息在盐度为 18～21 环境中的脉红螺亲螺，其幼体的盐度耐受下限为 7。Zhang 等（2017）的研究结果与此较为接近，幼体最适生存盐度为 10～25，其中 20～25 最适宜幼体生长发育，幼体能耐受的盐度低于 5。而班绍君（2013）认为，最适宜幼体生长发育的盐度为 30～35。当脉红螺亲螺生存环境的盐度为 30 时，其幼体耐受的盐度下限为 10，这可能是由于幼体对盐度的耐受范围受到亲螺性成熟时环境盐度的影响（Robert et al.，1988），即同一物种，其亲螺栖息环境盐度低的幼体，其盐度耐受下限可能也较低。

第二节 脉红螺浮游幼体发育

一、脉红螺早期发育形态

脉红螺浮游幼体阶段是其生活史中至关重要的时期，通过对脉红螺浮游幼体的发育过程进行详细观察和研究，从形态学角度确定了脉红螺的浮游幼体发育过程，划分了脉红螺浮游幼体的发育时期。脉红螺浮游幼体在发育过程中形态变化显著，包括螺层的增加、面盘形态的变化、器官的发生，以及壳高、壳宽的增长等。因此，以脉红螺浮游幼体的螺层、面盘形态、幼体壳形和器官发育程度等作为划分标准，将脉红螺浮游幼体划分为：1 螺层期、2 螺层期（初期、中期、后期）、3 螺层期初期、3 螺层中后期、4 螺层期（初期、中期、后期），共 5 个发育时期。各时期主要特征及对应的发育时间见表 4-3。

表 4-3　脉红螺浮游幼体发育阶段（25℃）（潘洋等，2013）

发育阶段	发育时间	持续时间	壳高（μm）	壳高日平均增长量（μm）	壳高/壳宽
1 螺层（刚孵化）	24～30h	24～30h	320～340	35.61	1.254±0.042
2 螺层初期	第 2 天	1d	340～380	22.54	1.314±0.036
2 螺层中期	第 3～5 天	3d	380～480	25.48	1.184±0.049
2 螺层后期	第 6～7 天	1～2d	480～550	44.45	1.274±0.044
3 螺层初期	第 8～15 天	8d	550～780	19.51	1.272±0.052
3 螺层中期	第 16～19 天	4d	780～900	34.30	1.271±0.047
3 螺层后期	第 20～23 天	4d	900～1000	38.40	1.355±0.060
4 螺层初期	第 24～26 天	3d	1000～1150	30.50	1.358±0.037
4 螺层中期	第 27～29 天	3d	1150～1300	39.23	1.366±0.042
4 螺层后期	第 30～33 天	4d	1300～1500	38.55	1.495±0.061

　　脉红螺浮游幼体壳高随发育时间的变化情况如图 4-13 所示。在整个脉红螺浮游幼体发育阶段，幼体壳高平均每天生长 32.88μm，其中在 2 螺层后期幼体壳高的生长速度最快，平均每天生长 44.45μm，历时 1～2d，在 3 螺层初期幼体壳高的生长速度最慢，平均每天生长 19.51μm，历时 8d。

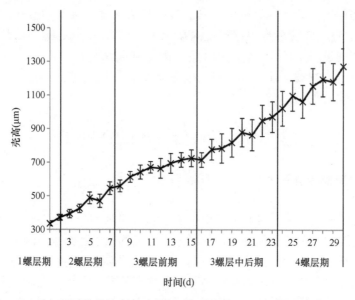

图 4-13　脉红螺浮游幼体壳高随发育时间的变化（25℃）（潘洋等，2013）

　　脉红螺浮游幼体在生长发育过程中，其壳高与壳宽的比值呈阶梯状增加的趋势（图 4-14），说明脉红螺的整个浮游幼体发育阶段壳高的生长速度快于壳宽的生长速度。在 2 螺层中期时，幼体初生壳的体螺层逐渐生长完整，幼体在 2 螺层初期至 2 螺层中期的壳高/壳宽值降低，这是由于该阶段幼体体螺层的生长速度大于幼体壳顶在螺轴方向上的外凸生长速度。幼体壳高/壳宽值分别在 2 螺层后期、3 螺层后期和 4 螺层后期显著增加，说明分别在 2 螺层、3 螺层和 4 螺层的中期至后期，幼体壳高的生长速度大于壳宽的生长速度，而在其他时期幼体的壳高与壳宽等比例生长。

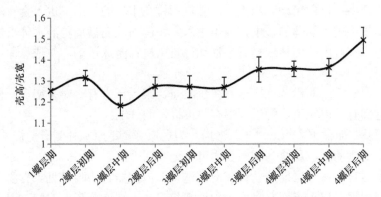

图 4-14　脉红螺浮游幼体各发育阶段壳高与壳宽比（潘洋等，2013）

脉红螺浮游幼体各发育阶段的具体形态特征描述如下（图 4-15）。

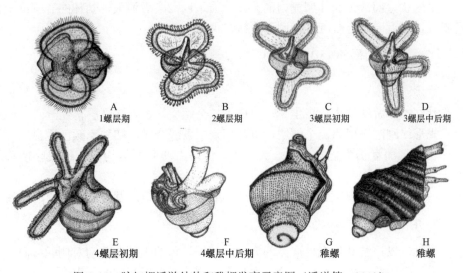

图 4-15　脉红螺浮游幼体和稚螺发育示意图（潘洋等，2013）

（一）1 螺层期（图 4-15A）

脉红螺的卵囊破裂，释放浮游幼体，标志着脉红螺幼体完成胚胎发育阶段，进入浮游幼体发育阶段。

壳形：刚刚孵化出的浮游幼体具有初生壳，薄而透明，只有一个螺层，没有缝合线，壳形酷似鹦鹉螺，壳口边缘一端向外凸起形成前沟，壳顶不明显。

面盘：面盘为左右两叶，一大一小，前沟所指一侧面盘稍小，呈透明的椭圆形，面盘表面可见分枝状纹理。面盘分内外两层，内外层边缘均生有密集的纤毛，纤毛环绕面盘形成食物沟，食物沟与面盘基部相连，并通过面盘基部的口进入幼体的胃。纤毛可自由摆动形成水流，食物颗粒在水流的作用下进入食物沟并沿食物沟运动最终进入幼体的口中，或不进入食物沟而从面盘周围的水体直接进入幼体的口中。刚孵出的幼体依靠纤毛摆动可自由进行游泳运动，并依靠面盘摄食浮游单胞藻。

眼点与触手：面盘基部有一对黑色眼点，眼点下方有一对平衡囊，较大的面盘一侧基部有一根触手，触手顶端有数根很短的纤毛。

足原基：面盘下方有一"矛"形肉片为足原基，足原基外侧有薄而透明的厣，当幼体受到扰动时，足原基和面盘均可完全缩回壳内。

内部器官：1 螺层期的幼体壳薄而透明，内部器官清晰可见。食物沟在面盘基部与口相连，口下方连着食道，食道细长，其末端连着膨大的胃，胃呈囊状，胃内可观察到食物颗粒快速转动，胃的末端与细长的肠道相连，肠道在壳顶处折向壳口，肛门开口于壳口附近。在肠道附近的壳顶空腔内有无色或棕色的圆形小球，呈簇状分部，为幼体卵囊内的营养物质，1~2d 后消失，幼体的心脏位于食管附近，靠近壳口，心脏呈椭圆形囊状，可自由搏动。

（二）2 螺层期（图 4-15B）

1. 初期

脉红螺浮游幼体进一步生长，出现第二个螺层，进入 2 螺层初期。

壳形：刚刚出现第二个螺层，可观察到一条缝合线，初生壳颜色透明。

面盘：面盘仍为椭圆形，一大一小，但左右两叶面盘均较 1 螺层时期有所增大。

内部器官：壳顶空腔内的圆形小球形成深色的组织，发育成幼体的消化腺。

2. 中期

壳形：以浮游幼体壳口向下的姿态观察，幼体的壳顶向前沟对侧的方向开始凸起，视野内第一螺层基部的缝合线长度达到第一螺层宽度的一半，壳口中央的外侧开始凸起，初生壳颜色继续加深，透明度明显下降。

面盘：面盘形状仍为椭圆形，面积增加。

3. 后期

壳形：以浮游幼体壳口向下的姿态观察，视野内第一螺层基部的缝合线完整，出现完整的第二螺层。

面盘：面盘仍为一大一小，面盘中央开始出现凹陷。

（三）3 螺层初期（图 4-15C）

壳形：以浮游幼体壳口向下的姿态观察，出现第三个螺层，视野内第一螺层基部的缝合线刚刚可见，其长度未达到第一螺层宽度的一半，初生壳颜色进一步加深，呈棕色，已几乎不透明，前沟明显增长，壳口中央进一步凸起。

面盘：面盘中央进一步凹陷，凹陷处的宽度约为整个面盘宽度的一半，同侧面盘可分为等长的上下两叶。面盘呈 4 叶、蝶状，左右两侧的面盘仍一大一小。

触手：足原基进一步增厚，当浮游幼体壳高达到 700μm 时，较小面盘一侧基部出现第二触手，第二触手长度明显短于第一触手。

（四）3 螺层中后期（图 4-15D）

1. 中期

壳形：以浮游幼体壳口向下的姿态观察，视野内第一螺层基部的缝合线长度达到第一螺层宽度的一半。

面盘：面盘中央进一步凹陷至面盘基部，呈明显的 4 叶、蝶状，同侧面盘的上下两叶不等长。

足：当幼体壳高约 800μm 时，足原基的内侧长出足芽，此时期的幼体死亡率较高。

2. 后期

壳形：以浮游幼体壳口向下的姿态观察，视野内第一螺层基部的缝合线完整，出现完整的第三螺层，壳口中央凸起达到最大。

面盘：面盘呈 4 叶状，进一步拉长，单叶面盘完全展开时的长度已接近壳高。

足：足原基宽度增大，足芽的长度进一步增加。

该发育阶段的浮游幼体，面盘发达，游泳能力强，但受到扰动时会将面盘缩入壳内，下沉不动，面盘缩回壳内时也可摄食，等扰动消除后再伸展出面盘进行游泳运动。

（五）4 螺层期

1. 初期（图 4-15E）

壳形：以浮游幼体壳口向下的姿态观察，出现第四个螺层，视野内第一螺层基部的缝合线刚刚可见，其长度未达到第一螺层宽度的一半。

面盘：4 叶面盘的长度进一步增加。

足：足部进一步拉长、增厚，可自由伸缩，与足原基连成一体。

从该时期开始，观察到浮游幼体有时而下沉时而上浮的习性。

2. 中期

壳形：以浮游幼体壳口向下的姿态观察，视野内第一螺层基部的缝合线长度达到第一螺层宽度的一半，壳口中央凸起部变小。

面盘：面盘进一步拉长，单叶面盘长度与壳高相当，有的幼体在该时期面盘开始退化。

足：足部进一步伸长、加厚。

3. 后期

壳形：以浮游幼体壳口向下的姿态观察，视野内第一螺层基部的缝合线完整，长度与第一螺层宽度相当。初生壳的壳口部位开始向外侧翻转，壳口边缘处增厚，壳口平整，壳口中央的突出部消失。

面盘：有的幼体面盘开始退化，面盘退化时面积迅速减小。

足：足部发达，可自由伸缩，幼体可匍匐爬行。

二、温度对幼体生长发育的影响

幼体的生长发育与温度有很大关系，早期研究表明，生长速度随温度的升高而增加，到达一定温度后，随着温度的升高，生长速度会随之下降（Doroudi et al.，1999）。为了进一步探究温度对幼体发育的影响，控制温度为 16～34℃，间隔 3℃，进行实验。

在整个温度实验过程中，最大壳长均为 31℃组，最小壳长为 16℃组（$P<0.01$）。同时，壳长从 31℃向高低两侧依次降低（图 4-16）。分析发现，从第 5 天开始，不同温度组幼体的壳长即显示出显著差异（$P<0.05$）。在整个实验过程中，31℃组的幼体壳长一直最大，且与其他各组间具有极显著的差异（$P<0.01$）；28℃和 34℃组幼体的壳长小于 31℃组，但二者之间没有显著差异（$P>0.05$），且二者均与其他组具有极显著差异（$P<0.01$）。孵化后第 5 天到第 10 天，16℃组和 19℃组幼体的壳长没有显著差异（$P>0.05$），但二者显著小于其他各组（$P<0.05$）。孵化后第 15 天，16℃、19℃和 22℃组间的壳长不具有显著差异（$P>0.05$），但它们均显著小于其他各组（$P<0.05$）。

幼体生长速度随着温度的升高而增加，直到 31℃之后，随温度的继续上升，生长速度逐渐下降，这与 Doroudi 等（1999）的研究结果一致。这可能是由于随着温度的升高，用于摄食的面盘上的纤毛的活动能力逐渐加强，从而能够摄取到更

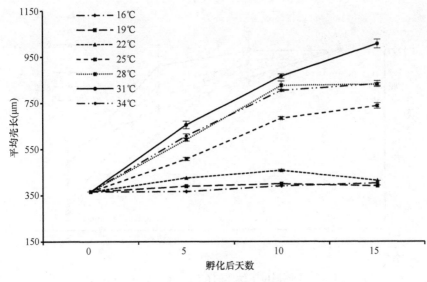

图 4-16　不同温度下幼体的壳长（班绍君，2013）

多的饵料；幼体消化酶活性加强，消化饵料的能力也随之加强；脉红螺属变温动物，较高的温度有利于减少用于代谢调节的能量，从而使更多的能量可以被用于生长发育（Rico-Villa et al.，2009）。但是当温度进一步升高时，水质则可能随之恶化（Liu et al.，2011），作为饵料的微藻的结构在高温条件下也可能遭到破坏（Calabrese，1969）。例如，Ukeles（1961）就曾经指出，当温度达到27℃时，两种饵料球等鞭金藻（*Isochrysis galbana*）和 *Monochrysis lutheri* 的细胞遭到了破坏，这些因素都会影响到幼体的生长发育。

　　实验过程中，幼体最大存活率在前10d发生在28℃，在第15天发生在31℃。除16℃组，存活率从最大的温度组向高低温两侧递减（图4-17）。分析发现，孵化后前5d，各组存活率没有显著差异（$P>0.05$）；从第10天开始，各组间出现显著差异（$P<0.05$），但是除16℃和19℃组外，其他相邻的温度组之间不具有显著差异（$P>0.05$）。在第15天，16℃、25℃、28℃和31℃之间，16℃、22℃和34℃之间，以及19℃、22℃和34℃之间不具有显著差异（$P>0.05$），其他各组之间均具有显著差异（$P<0.05$）。

　　在本研究中，19～34℃组存活率随温度变化的趋势与生长速度随温度变化的趋势基本相同，但16℃组幼体存活率却显著高于19℃和22℃组的幼体（$P<0.05$）。根据对玛雅蛸（*Octopus maya*）和 *Dicologoglossa cuneata* 幼体的研究，幼体营养的来源可以分为3个阶段：体内营养阶段、混合营养阶段、体外营养阶段（Herrera，2010；Martínez et al.，2011）。另外，根据李嘉泳（1959）的研究，脉红螺幼体从卵袋孵化出来时，体内带有卵黄。因此，脉红螺浮游幼体的初期，可能属于混合

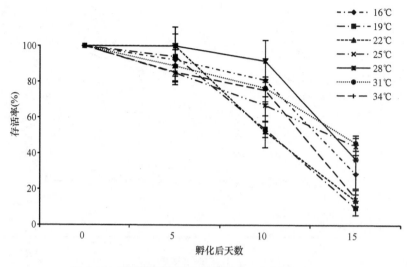

图 4-17　不同温度下幼体的存活率（班绍君，2013）

营养期，即能量是由体内的卵黄和其摄食的饵料共同提供的。叶安发等（2008）研究表明，当温度从 18℃上升到 24℃时，脉红螺成螺的氧气消耗量将急剧增加。也就是说，在这个温度范围内，成螺呼吸作用消耗的能量迅速增加。另外，在我们的实验中，脉红螺幼体的生长速度在 22℃时显著高于 16℃时，也就意味着 22℃时幼体消耗在生长发育上的能量要远远高于 16℃时的。那么，16℃条件下的幼体需要从外界环境中获得的能量就远远小于 22℃条件下的幼体。因此，虽然酶系统在低温环境中活性较低，导致幼体无法从食物中获得充足的能量，但其对 16℃条件下幼体的影响要远小于对 19℃和 22℃条件下的幼体，这可能是幼体在 16℃时的存活率反而升高的原因，但仍需要进一步地研究才能加以阐释。

三、盐度对幼体生长发育的影响

盐度对幼体生长发育有显著影响，幼体的生长速度和存活率随着盐度的上升而上升，到达最适盐度后，会随盐度的继续上升而下降（Wang，2012）。相似的规律在其他一些双壳贝类中也曾有报道，如马氏珠母贝（*Pinctada martensii*）（Wang，2012）和海湾扇贝（*Argopecten irradians*）（何义朝和张福绥，1990）。这主要是由于环境盐度的改变会导致渗透压的改变，从而使幼体耗费大量能量对其进行调节。为进一步探究盐度对幼体发育的影响，设计实验包括 9 个盐度梯度，从 5 到 45 以 5 为间隔进行探究。

在整个盐度实验过程中，最大壳长在盐度 20 条件下，但与盐度 25 条件下幼体的壳长不具有显著差异（$P>0.05$）；最小壳长在盐度 5 条件下（图 4-18）。盐度

10～35 条件下，幼体的生长率在孵化后前 10d 均呈现上升趋势（图 4-19）；而孵化后第 10 天到第 15 天，除盐度 20 组外，其他各组的生长率均呈现下降的趋势。孵化后第 10 天时的盐度 45 组、孵化后第 15 天的盐度 40 组，以及孵化后第 20 天的盐度 5、35 组的生长率为负值。

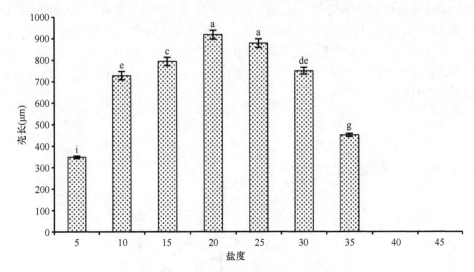

图 4-18　第 20 天时不同盐度下幼体的壳长（班绍君，2013）

不同字母（a、c、d、e、g、i）表示差异显著（$P<0.05$）

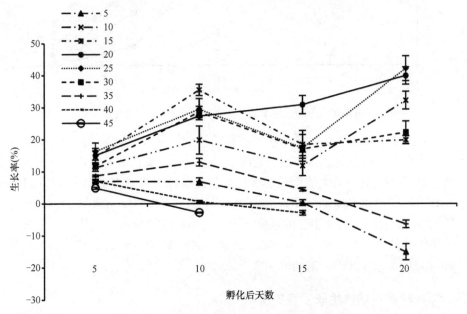

图 4-19　不同盐度下幼体的生长率（班绍君，2013）

幼体存活率在孵化后 5d 之后开始出现显著差异（$P<0.05$）（图 4-20），盐度 20 和 30 组与盐度 15、25 和 40 组之间具有显著差异（$P<0.05$），但其他各组之间不具有显著差异（$P>0.05$）。在孵化后第 10 天，盐度 5、40 和 45 组的存活率迅速降低，最低的存活率在盐度 45 组，与其他各组差异显著（$P<0.05$）；盐度 10～35 组的存活率降低得非常缓和，且 10～35 组之间不具有显著差异（$P>0.05$）。孵化后第 15 天，盐度 45 组的幼体全部死亡；存活率下降较慢的组为盐度 10、15 和 25 组，且这 3 组之间没有显著差异（$P>0.05$）。孵化后第 20 天，盐度 5、35 和 40 组的幼体全部死亡，最高存活率出现在盐度 25 组，且与盐度 10 组之间没有显著差异（$P>0.05$）。

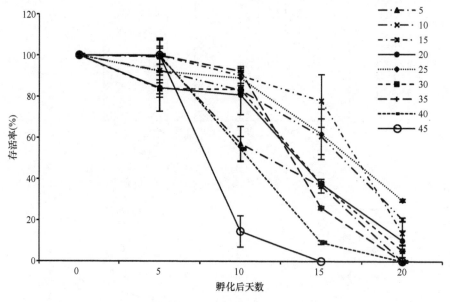

图 4-20　不同盐度下幼体的存活率（班绍君，2013）

实验结果表明，生长率和存活率在高低盐度条件下均呈下降趋势，但在高盐条件下下降得更快。这意味着在高盐度条件下，脉红螺面临着更高渗透压调节的挑战。然而某些双壳贝类的生长速度在低盐度条件下降低得更明显（Lough and Gonor，1971；Tettelbach and Rhodes，1981）。在本研究中，虽然实验的最低盐度已低至 5，但仍高于幼体生存的盐度下限；幼体存活的盐度上限是 35。另外，脉红螺幼体的最适生长盐度为 20～25，最适存活盐度为 10～25，这一研究结果与 Mann 和 Harding（2003）的研究结果一致。

四、饵料种类对幼体生长发育的影响

饵料种类与幼体的生长发育关系密切，不同饵料对幼体生长发育的影响不同。

饵料种类对幼体生长发育的影响主要体现在幼体生长速度和存活率的变化方面。为探究饵料种类对幼体生长发育的影响，设计饵料实验包含 6 个处理组，分别为（A）金藻；（B）小球藻；（C）扁藻；（D）金藻+小球藻（1∶1）；（E）金藻+扁藻（1∶1）；（F）金藻+扁藻+小球藻（1∶1∶1）。

在整个实验过程中，壳长最长的组是 F 组（除第 10 天），壳长最小的组为 B 组（图 4-21）。从孵化后第 15 天开始， B 组和 D 组（饵料中不含扁藻），其壳长在所有实验组中最小，且差异极显著（$P<0.01$）。从第 20 天开始，饵料中同时含有金藻和扁藻的组，即 E 组和 F 组，其壳长较其他实验组大。在实验结束之前对各组幼体壳长进行测量后发现，投喂金藻+扁藻+小球藻（1∶1∶1）组的幼体生长速度最快，金藻+小球藻（1∶1）组幼体的生长速度次之，且两组幼体的生长速度极显著地大于其他各组（$P<0.01$）。

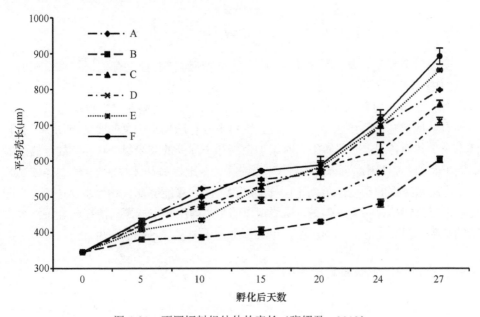

图 4-21　不同饵料组幼体的壳长（班绍君，2013）

对各实验组幼体存活率比较发现（图 4-22），D 组的存活率在整个实验过程中都最高。F 组的存活率次之，除了孵化后第 15 天二者之间具有显著差异以外（$P<0.05$），其他各取样时期均未见二者有显著差异（$P>0.05$）。需要指出的是，从孵化后第 15 天开始，C 组和 E 组（饵料中不含小球藻），其幼体的存活率低于其他组；而饵料中同时含有金藻和小球藻的组，即 D 组和 F 组，其幼体存活率高于其他组。

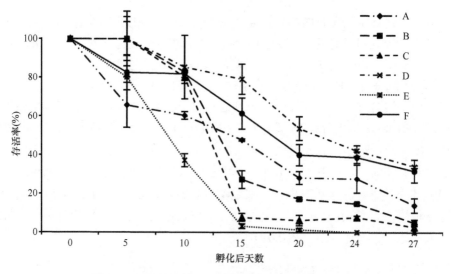

图 4-22　不同饵料组幼体的存活率（班绍君，2013）

实验结果显示，幼体的生长率和存活率均与饵料的种类有密切关系。在所有实验组中，饵料中不含扁藻的实验组幼体，其生长速度小于其他各组；而饵料中同时含有金藻和扁藻的实验组幼体，其生长速度大于其他各组。也就是说，扁藻能够有效地提高幼体生长速度。另外，饵料中没有添加小球藻的实验组幼体，其存活率小于其他各组；而饵料中同时添加金藻和小球藻的实验组，其幼体的存活率显著高于其他各组。因此可以推论，小球藻能够有效地提高幼体存活率。罗杰等（2004）关于方斑东风螺的研究也得出了同样的结论，即扁藻能够加快幼体生长速度，小球藻能够提高幼体存活率。但是，需要指出的是，扁藻和小球藻只能在与金藻混合投喂的基础上提高生长率和存活率，单独添加则不能发挥良好的作用。

五、密度对幼体生长发育的影响

密度对幼体生长发育的影响主要体现在空间对生长速度的限制上，主要表现为密度的增加导致了碰撞概率的增加，同时也导致了某些化学抑制剂，如排泄物、食物残渣及分泌的黏液等物质的增加（Avila et al.，1997；Liu et al.，2006；Sprung，1984）。碰撞会引起幼体口前触毛突然收缩，从而导致面盘的收缩。浮游幼体的面盘是用于游动和摄食的，因此面盘的收缩会抑制摄食行为，进而影响能量的获取（Liu et al.，2006）。早期的研究表明，双壳贝类的幼体（Ibarra，1997；Liu et al.，2006，2009；Raghavan and Gopinathan，2008；Velasco and Barros，2008）及稚螺（Baur and Baur，1992；Cameron and Carter，1979）的生长速度与密度呈负相关关系。脉红螺幼体的生长速度与密度也具有同样的关系。在密度较高的条件下，幼体的生长速度减缓，可能是由于种内对食物和空间的竞争（Liu et al.，2006，2011；Raghavan and Gopinathan，2008；Velasco and Barros，2008）。为进一步探究密度对幼体发育的影响，设计实验：实验包括 10 个处理组，即 0.05 个/ml、0.1 个/ml、0.2 个/ml、0.3 个/ml、0.5 个/ml、0.8 个/ml、1.0 个/ml、1.5 个/ml、2.0 个/ml、3.0 个/ml，为了保持各实验组的幼体都能获得等量饵料，饵料浓度随幼体密度的增加而等比例增加，因此，实验中幼体生长速度的限制因子应为空间而非饵料。另外，有研究认为，排泄物和残饵浓度的增加可能引起水体中氨的增加，同时会使水体中的菌落出现问题（Velasco and Barros，2008），因此，在本研究中养殖水体每日一换，因此排泄物和残饵已被较好的清除，不影响幼体生长速度。

在幼体孵化后第 5 天，密度为 1.0 个/ml、1.5 个/ml、2.0 个/ml 及 3.0 个/ml 组幼体的壳长较其初始壳长小（图 4-23），另外，其他密度组的壳长也开始出现显著差异（$P<0.05$），且随着时间的推移而增加。在孵化后第 10 天，尚存活的密度最高组的幼体，即 0.8 个/ml，壳长最小 [（417.8±0.57）μm]；密度最低组的幼体，即 0.05 个/ml，壳长最大 [（536.71±0.57）μm]。Avila 等（1997）曾指出，随着密度的增加，幼体分泌的黏液的量将会增加。此外，在实验室条件下，成螺在高密度条件下会分泌黏液或其他化学物质（Carter and Ashdown，1984；Conner et al.，2008；Garr et al.，2011；Perry and Arthur，1991）。本实验未能排除幼体黏液的影响，因此，在高密度条件下幼体生长速度的降低是否是黏液分泌增多导致了化学抑制，仍需进一步研究。

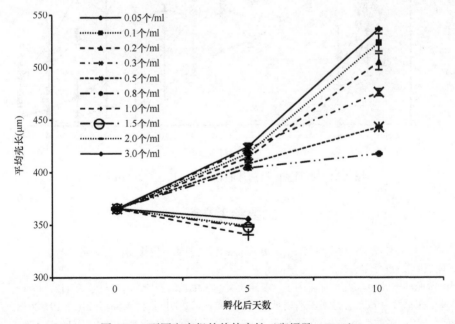

图 4-23 不同密度组幼体的壳长（班绍君，2013）

　　密度对幼体存活率的影响如图4-24所示。密度大于1.0个/ml实验组的幼体，在孵化后5d之内全部死亡，即当幼体密度小于等于0.8个/ml时幼体才可存活。幼体的存活率与密度呈负相关关系，但只有当差距较大时，密度才会对存活率造成显著影响；当差距较小时，密度对存活率不具有显著影响。本研究认为，幼体的密度在一定范围内不会对存活率造成影响，但是超过一定范围以后，存活率会随密度的增加而降低。这一观点与先前的部分研究结果有所不同（Ibarra，1997；Liu et al.，2006），这些研究认为，幼体的存活率与密度之间并没有相关性。事实上，幼体密度和存活率之间的关系较其与生长速度之间的关系更为复杂。幼体的存活率在高密度条件下会降低，可能是饵料和氧气的消耗，以及捕食或其他环境因素所造成的压力导致的（Ibarra，1997；Liu et al.，2006）。然而，在实验室环境中，饵料浓度会随幼体密度的升高而增加，氧气和捕食者被很好地控制。因此，高密度导致幼体存活率的降低还需要进一步研究。

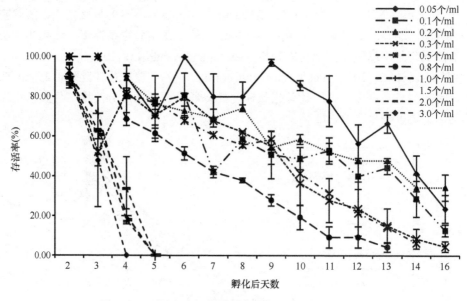

图4-24　不同密度组幼体的存活率（班绍君，2013）

主要参考文献

班绍君. 2013. 外部条件对脉红螺(*Rapana venosa*)摄食和幼体生长发育的影响. 青岛: 中国科学院研究生院(海洋研究所)硕士学位论文.

包永波, 尤仲杰. 2004. 几种环境因子对海洋贝类幼体生长的影响. 水产科学, 23(12): 39-41.

何义朝, 张福绥. 1990. 盐度对海湾扇贝不同发育阶段的影响. 海洋与湖沼, 21(3): 197-204.

李嘉泳. 1959. 强棘红螺的生殖和胚胎发育. 中国海洋大学学报(自然科学版), 1(1): 92-130.

刘庆, 孙振兴. 2008. 扁玉螺早期发育的实验观察. 动物学杂志, 43(5): 99-103.

罗杰, 杜涛, 刘楚吾. 2004. 酸碱度、盐度对方斑东风螺卵囊孵化率和不同饵料对幼体生长发育、存活的影响. 海洋科学, 28(6): 5-9.

潘洋, 邱天龙, 张涛, 等. 2013. 脉红螺早期发育的形态观察. 水产学报, 37(10): 1503-1512.

王军, 王志松, 董颖, 等. 2003. 盐度对脉红螺卵袋幼体的孵出及浮游幼体存活和生长的影响. 水产科学, 22(5): 9-11.

魏利平, 邱盛尧, 王宝钢, 等. 1999. 脉红螺繁殖生物学的研究. 水产学报, 23(2): 150-155.

叶安发, 周一兵, 代智能, 等. 2008. 温度和体重对脉红螺呼吸和排泄的影响. 大连水产学院学报, 23(5): 364-369.

波部, 忠重. 1944. 日本産海産腹足類の卵及び幼生の研究(1). 貝類學雜誌, 13: 187-194.

Avila C, Grenier S, Tamse C, et al. 1997. Biological factors affecting larval growth in the nudibranch mollusc *Hermissenda crassicornis* (Eschscholtz, 1831). Journal of Experimental Marine Biology and Ecology, 218(2): 243-262.

Baur A, Baur B. 1992. Responses in growth, reproduction and life span to reduced competition pressure in the land snail *Balea perversa*. Oikos, 63: 298-304.

Calabrese A. 1969. Individual and combined effects of salinity and temperature on embryos and larvae of the coot clam, *Mulinia lateralis* (Say). Biological Bulletin, 137(3): 417-428.

Cameron R, Carter M. 1979. Intra-and interspecific effects of population density on growth and activity in some helicid land snails (Gastropoda: pulmonata). The Journal of Animal Ecology, 48: 237-246.

Carter M, Ashdown M. 1984. Experimental studies on the effects of density, size, and shell colour and banding phenotypes on the fecundity of *Cepaea nemoralis*. Malacologia, 25(2): 291-302.

Chen Y, Ke C H, Zhou S Q, et al. 2004. Embryonic and larval development of *Babylonia formosae habei* (Altena and Gittenberger, 1981) (Gastropoda: Buccinidae) on China's coast. Acta Oceanologica Sinica, 23(3): 521-531.

Conner S, Pomory C, Darby P. 2008. Density effects of native and exotic snails on growth in juvenile apple snails *Pomacea paludosa* (Gastropoda: Ampullariidae): a laboratory experiment. Journal of Molluscan Studies, 74(4): 355-362.

Davis H C, Calabrese A. 1964. Combined effects of temperature and salinity on development of eggs and growth of larvae of *M. mercenaria* and *C. virginica*. Fish Bull, 63: 643-655.

Doroudi M, Southgate P, Mayer R. 1999. The combined effects of temperature and salinity on embryos and larvae of the black-lip pearl oyster, *Pinctada margaritifera* (L.). Aquaculture Research, 30(4): 271-277.

Garr A L, Lopez H, Pierce R, et al. 2011. The effect of stocking density and diet on the growth and survival of cultured florida apple snails, *Pomacea paludosa*. Aquaculture, 311(1): 139-145.

Harding J M. 2006. Growth and development of veined rapa whelk *Rapana venosa* veligers. Journal of Shellfish Research, 25(3): 941-946.

Harding J M, Mann R, Kilduff C W. 2008. Influence of environmental factors and female size on reproductive output in an invasive temperate marine gastropod *Rapana venosa* (Muricidae). Marine Biology, 155(6): 571-581.

Herrera M, Hachero-Cruzado I, Naranjo A, et al. 2010. Organogenesis and histological development of the wedge sole *Dicologoglossa cuneata* M. larva with special reference to the digestive system. Reviews in Fish Biology and Fisheries, 20(4): 489-497.

Ibarra A, Ramirez J, Garcia G. 2015. Stocking density effects on larval growth and survival of two catarina scallop, *Argopecten ventricosus* (=*circularis*) (Sowerby II, 1842), populations. Aquaculture Research, 28(6): 443-451.

Lebour M V. 1931. The larval stages of *Nassarius reticulates* and *Nassarius incrassatus*. Journal of Marine Biology Association of the United Kingdom, 17: 797-832.

Liu B, Dong B, Tang B, et al. 2006. Effect of stocking density on growth, settlement and survival of clam larvae, *Meretrix meretrix*. Aquaculture, 258(1): 344-349.

Liu W, Pearce C, Alabi A, et al. 2009. Effects of microalgal diets on the growth and survival of larvae and post-larvae of the basket cockle, *Clinocardium nuttallii*. Aquaculture, 293(3): 248-254.

Liu W, Pearce C, Alabi A, et al. 2011. Effects of stocking density, ration, and temperature on growth of early post-settled juveniles of the basket cockle, *Clinocardium nuttallii*. Aquaculture, 320(1): 129-136.

Lough R, Gonor J. 1971. Early embryonic stages of *Adula californiensis* (Pelecypoda: Mytilidae) and the effect of temperature and salinity on developmental rate. Marine Biology, 8(2): 118-125.

Mann R, Harding J M. 2003. Salinity tolerance of larval *Rapana venosa*: implications for dispersal and establishment of an invading predatory gastropod on the north American Atlantic coast. Biol Bull, 204: 96-103.

Mann R, Harding J M, Westcott E. 2006. Occurrence of imposex and seasonal patterns of gametogenesis in the invading veined rapa whelk *Rapana venosa* from Chesapeake bay, USA. Marine Ecology-Progress Series, 310: 129-138.

Martínez R, López-Ripoll E, Avila-Poveda O, et al. 2011. Cytological ontogeny of the digestive gland in post-hatching *Octopus maya*, and cytological background of digestion in juveniles. Aquatic Biology, 11: 249-261.

Perry R, Arthur W. 1991. Shell size and population density in large helicid land snails. The Journal of Animal Ecology, 60: 409-421.

Raghavan G, Gopinathan C. 2008. Effects of diet, stocking density and environmental factors on growth, survival and metamorphosis of clam, *Paphia malabarica* (Chemnitz) larvae. Aquaculture Research, 39: 928-933.

Rico-Villa B, Pouvreau S, Robert R. 2009. Influence of food density and temperature on ingestion, growth and settlement of Pacific oyster larvae, *Crassostrea gigas*. Aquaculture, 287(3-4): 395-401.

Robert R, His E, Dinet A. 1988. Combined effects of temperature and salinity on fed and starved larvae of the European flat oyster *Ostrea edulis*. Marine Biology, 97(1): 95-100.

Spight T M. 1975. Factors extending gastropod embryonic development and their selective cost. Oecologia, 21(1): 1-16.

Sprung M. 1984. Physiological energetics of mussel larvae (*Mytiius edulis*). I. Shell growth and biomass. Marine ecology progress series. Oldendorf, 17(3): 283-293.

Tettelbach S, Rhodes E. 1981. Combined effects of temperature and salinity on embryos and larvae of the northern bay scallop *Argopecten irradians irradians*. Marine Biology, 63(3): 249-256.

Thorson G. 1950. Reproductive and larval ecology of marine bottom invertebrates. Biological Reviews, 25(1): 1-45.

Ukeles R. 1961. The effect of temperature on the growth and survival of several marine algal species. Biological Bulletin, 120(2): 255-264.

Velasco L A, Barros J. 2008. Experimental larval culture of the Caribbean scallops *Argopecten nucleus* and *Nodipecten nodosus*. Aquaculture Research, 39(6): 603-618.

Wang H, Zhu X, Wang Y, et al. 2012. Determination of optimum temperature and salinity for fertilization and hatching in the Chinese pearl oyster *Pinctada martensii* (Dunker). Aquaculture,

330-333: 292-297.

Wu Y. 1988. Distribution and shell height-weight relation of *Rapana venosa* valenciennes in the laizhou bay. Marine Science/Haiyang Kexue, 6: 39-40.

Zhang T, Song H, Bai Y C, et al. 2017. Effects of temperature, salinity, diet and stocking density on development of the veined Rapa whelk, *Rapana venosa* (Valenciennes, 1846) larvae. Aquacult International, 25: 1577-1590.

第五章 脉红螺附着变态

第一节 附着变态的时机和标志

脉红螺浮游幼体发育到 4 螺层中期或后期，壳高 1200～1500μm 时，可进行附着变态。幼体在附着变态期间出现大量下沉的现象，幼体沉入水底后，开始时仍然依靠面盘摄食，随后面盘由外向内开始退化，面盘的长度缩短、面积减小、纤毛脱落，最终消失在面盘基部，初生壳壳口边缘增厚、外翻、停止生长，此时幼体的足较发达，幼体可依靠足自行翻身运动，附着变态期间幼体死亡率较高。

脉红螺幼体在附着变态时期具有明显的形态学特征，其附着变态的标志如下：①浮游幼体壳口边缘向壳口外侧翻转；②浮游幼体壳口边缘出现明显加厚；③浮游幼体壳口中央突起部缩短，直至消失；④浮游幼体面盘开始退化；⑤浮游幼体的足部发达，可自由伸缩；⑥浮游幼体壳高为 1200～1500μm；⑦浮游幼体发育到 4 螺层中期或 4 螺层后期（具有 4.5 个螺层）。

脉红螺浮游幼体的面盘完全退化、次生壳长出，标志着脉红螺浮游幼体变态为稚螺，结束了浮游生活而转入底栖生活。脉红螺稚螺的第五螺层开始长出次生壳，次生壳刚长出时颜色发白，薄而透明，纹理与成螺相似，并随着稚螺的生长迅速增厚而不透明。面盘退化后，稚螺的吻和齿舌进一步发育成为主要的摄食器官，并可以摄食牡蛎稚贝。稚螺的感觉器官为足前端的两根触角，眼点呈黑色，位于触角基部，触角可伸出壳外进行嗅探。稚螺的足进一步增厚拉长，能大幅度地伸缩与变形。稚螺可依靠足进行翻身、爬行等运动，也可依靠足的运动倒悬在水里游泳。

准确确定脉红螺浮游幼体的变态时机，对于脉红螺育苗生产有非常重要的指导作用。文献资料中有关脉红螺变态时期的形态和行为特点记载不多，有文献提到脉红螺幼体在 3 螺层末期变态，4 螺层时已经变态为稚螺，这与本实验观察到的现象并不相符。本实验发现，脉红螺的浮游幼体可发育到 4 螺层后期，壳高约 1460μm，实验观察到脉红螺幼体变态的发育阶段为 4 螺层中期和 4 螺层后期（表 5-1）。表 5-2 和表 5-3 总结了脉红螺浮游幼体变态前后的形态特点和行为特点。

脉红螺幼体附着变态的典型标志（图 5-1）：①幼体壳口边缘外翻形成前沟；②幼体壳口边缘加厚；③幼体壳口中央突起部缩短至消失；④幼体面盘开始退化。

表 5-1　脉红螺幼体变态的发育时期与大小

稚螺	4 螺层中期 1317.06μm×1000μm	4 螺层末期 1463.4μm×1024.38μm
壳形	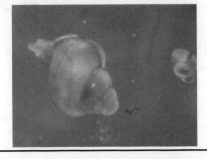	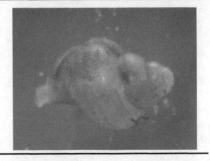

表 5-2　脉红螺浮游幼体变态前后的形态特点

变态前	变态后
1. 面盘未退化	1. 面盘退化
2. 变态前可发育到 4 螺层中期或 4 螺层末期，壳高 1300～1500μm	2. 刚变态的时期为 4 螺层中期或 4 螺层末期
3. 壳口中央突起部变得不明显	3. 壳口边缘开始长次生壳
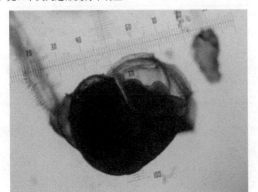	
4. 壳口边缘向壳口外侧翻转	4. 具有发达的足，吸附力强
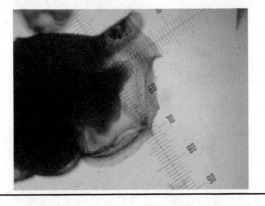	

续表

变态前	变态后
5. 壳口边缘有明显加厚	

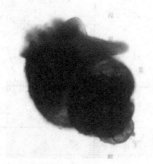

6. 具有发达的足

7. 分泌较多黏液，可导致幼体互相粘连

表 5-3　脉红螺浮游幼体变态前后的行为特点

变态前	变态后
1. 可浮游，但浮游能力弱	1. 爬行
2. 活动范围向中下层水体移动，时而上浮，时而下沉	2. 喜欢吸附于附着物的垂直面
3. 摄食浮游单胞藻，面盘缩入壳内时也可摄食	3. 舔食，饵料不明
4. 足已相当发达，可自由伸缩摆动，面盘常缩回壳内	4. 足很发达，吸附力强，足边缘有纤毛，完全靠足运动
5. 幼体经常沉底不动，不浮游	

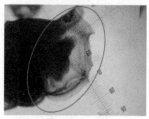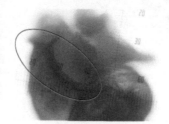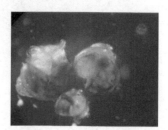

①幼体壳口边缘外翻形成前沟
②幼体壳口边缘加厚

幼体面盘开始退化

幼体壳口中央突起部缩短至消失

图 5-1　脉红螺幼体的变态标志

第二节　饵料、光照与附着基的选择

一、饵料与光照的选择

由于脉红螺浮游幼体到成螺阶段存在食性转换的现象，为了查明饵料因素对脉红螺幼体附着变态的影响，实验选用一系列从植物性向动物性过渡的饵料，投喂 4 螺层中后期的脉红螺浮游幼体，研究其对脉红螺幼体变态率的影响。结果如表 5-4 所示。

表 5-4 不同饵料诱导的脉红螺幼体变态率

饵料种类	变态率（%）
双壳贝类稚贝	>60
浮游单胞藻	<1
底栖硅藻	—
海洋红酵母	—
牡蛎卵细胞	—
牡蛎精子	—
贝肉干粉	—
牡蛎、贻贝和菲律宾蛤仔生肉	—
牡蛎、贻贝和菲律宾蛤仔熟肉	—

此外，光照条件对脉红螺幼体附着变态具有显著的影响。图 5-2 显示，黑暗条件能够明显促进幼体的变态，这与生产实践中脉红螺幼体喜于附着基背光面附着的现象相吻合。

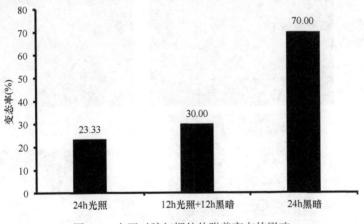

图 5-2 光照对脉红螺幼体附着变态的影响

二、附着基的选择

附着基是影响贝类幼体附着变态效果的重要因素，本研究团队选用不同种类和材料的附着基（表 5-5）对不同发育时期的脉红螺浮游幼体进行实验。

表 5-5 不同种类的附着基

附着基种类	现场照片
波纹板	
拱形瓦片	
附有扇贝和牡蛎的拱形瓦片	
扇贝壳	

续表

附着基种类	现场照片
附有牡蛎稚贝的扇贝壳	
塑料梗绳	
双纤网	
红棕绳	

　　用上述附着基对壳高 800μm 的脉红螺浮游幼体进行实验，结果发现不同附着基对幼体附着变态效果无显著影响，浮游幼体发育时期及附着基的处理不适宜可能是失败的主要原因。

对壳高 1000μm 的脉红螺浮游幼体进行实验，结果如图 5-3 所示。

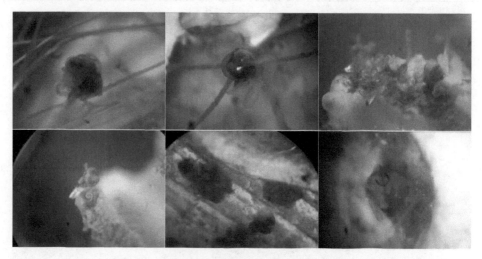

图 5-3　壳高 1000μm 脉红螺浮游幼体的附着情况

脉红螺浮游幼体发育到壳高 1000μm 以上时，足已长出，面盘未退化，称为足面盘幼体，此时投放附着基导致幼体大量下沉，取出附着基观察，发现有幼体附着，镜检发现幼体姿态多为壳口向上，幼体并不是由足主动附着，而是因附着基表面的有机碎屑黏附而"附着"，所以并不是真正的附着。因此，除了要掌握正确的投放时机，附着基的处理也尤为重要，否则无法诱导脉红螺浮游幼体附着变态。

第三节　脉红螺附着变态分子调控机制

一、脉红螺早期发育阶段的转录组建库

（一）基因测序及组装

利用 Illumina Hi-Seq 2500 平台对来自 6 个不同早期发育阶段的样品进行转录组测序，构建了包含 148 737 902 条 reads 的 cDNA 文库（NCBI No.SRR2086477），为后续变态发育的研究奠定了良好的基础（Song et al., 2016）。脉红螺转录组测序产出数据质量情况如表 5-6 所示。去除低质量序列后，获得 144 203 714 条高质量 reads（占总 reads 的 96.95%），这与其他软体动物物种相当，如在 *Crassostrea angulata*（Qin et al., 2012）、*Reishia clavigera*（Ho et al., 2014）中分别获得 95.3% 和 94.07% 的高质量 reads。此外，利用高质量 reads 共拼接了 246 772 条转录本，

长度为 201～28 514bp，平均大小为 688bp。在这些转录本中，52 118 条（21.12%）长于 500bp，28 471 条（11.54%）长于 1000bp，说明测序和组装效果良好。该组装结果已经上传至 DDBJ/EMBL/GenBank，登录号为 GDIA00000000。通过将每个基因的最长转录本作为 Unigene，本研究共鉴定出 212 049 条 Unigene，平均大小为 619bp，Unigene 和转录本的长度分布如图 5-4 所示。本研究中获得的 Unigene 数量要明显优于之前其他贝类通过 454 GSFlx 测序组装得到的 Unigene 数量：高于虾夷盘扇贝（*Patinopecten yessoensis*）转录组的 139 397 条 Unigene（Hou et al.，2011），文蛤（*Meretrix meretrix*）转录组的 124 732 条 Unigene（Huan et al.，2012）。说明 Hi-seq 2500 测序平台的测序深度较 454 GSFlx 有了明显提高，这有助于识别低表达量的 Unigene。

表 5-6　脉红螺转录组测序产出数据质量情况

样品	Raw reads	Clean reads	Clean bases	Error（%）	Q20（%）	Q30（%）	GC（%）
RapanaV1	74 368 951	72 101 857	9.01G	0.03	95.85	91.89	47.23
RapanaV2	74 368 951	72 101 857	9.01G	0.04	93.56	88.30	47.20
转录本长度		200～500bp	500～1 000bp	1 000～2 000bp	>2 000bp	总计	
转录本数量		151 639	52 118	28 471	14 544	246 772	
Unigene 数量		137 556	43 662	21 410	9 421	212 049	
	最小长度（bp）	平均长度（bp）	长度中值（bp）	最大长度（bp）	N50	N90	总核苷酸数
转录本	201	688	390	28 514	1 046	278	169 789 893
Unigene	201	619	368	28 514	868	263	131 331 969

注：RapanaV1 为左端序列，RapanaV2 为右端序列

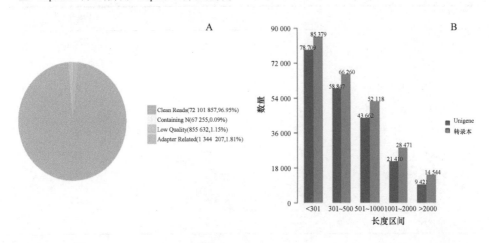

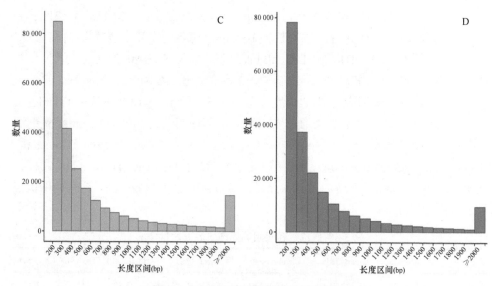

图 5-4　脉红螺转录组测序和组装概况

A. Raw reads 的分类；B. Unigene 和转录本的长度分布；C. 转录本长度分布；D. Unigene 长度分布

（二）基因注释

使用 Blastx 程序，将所有 Unigene 在 SwissProt、NR、NT、KO、PFAM、GO 和 KOG 数据库进行序列比对。该过程在 NR 数据库中成功注释了 49 673 条 Unigene（23.42%），在 SwissProt 数据库中注释了 35 811 条 Unigene（16.89%），共有 70 877 条 Unigene 在至少可以一个数据库中成功注释，这些基因的成功注释为脉红螺分子生物学研究奠定了坚实的基础。具体注释概况如表 5-7 所示。

表 5-7　脉红螺转录组 Unigene 注释情况统计

	Unigene 数量	比例（%）
在 NR 中注释	49 673	23.42
在 NT 中注释	7 399	3.49
在 KO 中注释	20 742	9.78
在 SwissProt 中注释	35 811	16.89
在 PFAM 中注释	52 791	24.90
在 GO 中注释	54 222	25.57
在 KOG 中注释	27 604	13.02
在所有数据中成功注释	4 502	2.12
至少在一个数据库中成功注释	70 877	33.42
总计	212 049	100

利用 Blast2GO 对所有 Unigene 进行 GO 富集分析，并将所有成功注释的 Unigene 基因按照其功能进行 KEGG 分类，结果如图 5-5 和图 5-6 所示。结果显示（图 5-5），共有 54 222 条基因富集到 GO 的三个一级分类（BP, biological process 生物学过程；CC, cellular component 细胞元件；MF, molecular function 分子功能）中。在 BP 分类下，cellular process（GO：0009987）条目富集的基因最多，占 55.55%；在 CC 分类下，cell（GO：0005623）和 cell part（GO：0044464）条目富集的基因数量最多，分别占总基因的 32.30% 和 32.28%；在 MF 分类下，binding（GO：0005488）和 catalytic activity（GO：0003824）条目富集的基因数量最多，分别占 51.37% 和 39.22%。该结果与虾夷盘扇贝（*Patinopecten yessoensis*）早期发育转录组特征相似（Hou et al.，2011）。在 KEGG 中的 20 742 个注释序列中（图 5-6），大部分涉及循环系统、发育、消化系统、内分泌系统、环境适应、排泄系统、免疫系统、神经系统和感官系统代谢，主要是碳水化合物代谢、能量代谢和氨基酸代谢。另外，有 4516 个（21.77%）基因与遗传信息处理相关，有 4132 个（19.92%）基因与细胞过程相关，有 3663 个（17.66%）基因与环境信息处理相关。转录本的注释结果，429 个 Unigene 可能参与免疫系统过程（GO：0002376），1229 个通用基因可能参与 KEGG 的免疫系统类别。其中 *Hsp* 家族表达丰富（*Hsp70* FPKM：542.39，*Hsp*90 FPKM：397.58，*Hsp*10 FPKM：134.10），其在耐热性中具有重要作用（Hooper and Thuma，2005）。除热应激之外，其他压力因素如缺氧、饥饿、创伤、感染和中毒也可诱导 *Hsp* 家族的高表达水平（Hartl et al.，1992；Xu et al.，2015）。*Hsp* 家族对于热休克反应、蛋白质折叠、蛋白质的易位都是必需的。另外，作为半胱氨酸蛋白酶家族的新成员，legumain 的转录物被高度表达（FPKM：150.24），这种蛋白质可能参与哺乳动物的溶酶体/内体系统中抗原肽和内源性蛋白质的加工与呈递（Wolk et al.，2005）。legumain 在文昌鱼的消化道中特异性表达，这可能说明其在食物大分子的降解中起作用（Teng et al.，2010）。然而，legumain 在软体动物中的功能仍然未知。

（三）高表达量基因分析

在 RNA-seq 中，FPKM 在计数 reads 时考虑到测序深度和基因长度的影响，是评估基因表达水平最常见的指标（Trapnell et al.，2010）。本研究选择了表达量（FPKM）最高的 20 条基因，粗略描绘了脉红螺幼体中最活跃的生物过程的概况。表 5-8 显示，具有高 FPKM 值的基因与能量代谢、蛋白质代谢、细胞骨架等基本过程相关。结果显示，细胞色素 c 氧化酶亚基（Ⅰ、Ⅱ、Ⅲ）和细胞色素 b 具有很高的表达水平，其可能与脉红螺早期发育期间的持续能量转化有关。在 *Haliotis diversicolor* 中也有类似的结果（Huang et al.，2012）。泛素-60S 核糖体蛋白 L40、4S 核糖体蛋白 S12、核糖体蛋白（rpl37，P1）和伸长因子 1 等参与蛋白质代谢的基

图 5-5　脉红螺早期发育转录组的 GO 富集特征

横坐标为 GO 的 3 个一级分类（BP，生物学过程；CC，细胞元件；MF，分子功能）及其下面的二级条目，
纵坐标为富集的基因数目

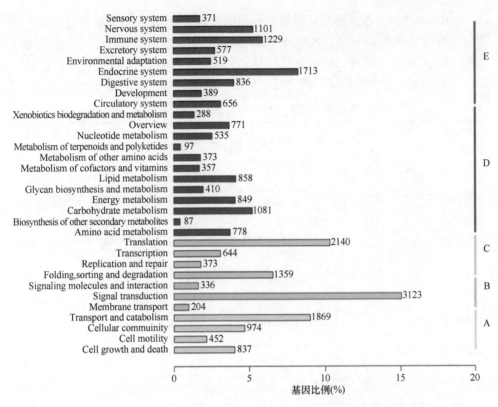

图 5-6　脉红螺转录组功能注释基因 KEGG 分类

因也有高度的表达，表明蛋白质合成过程在脉红螺幼体发育过程中很活跃。在细胞骨架中发挥作用的微管蛋白 α-3E 链和肌动蛋白 I 编码基因表达水平亦很高。此外，本实验还发现芋螺毒素 Cl14.12 的表达量也非常高（FPKM=7786.6）。芋螺毒素是从芋螺属（*Conus*）软体动物的毒液中分离出的一组神经毒肽，是这种螺类具有独特捕食方式的重要因素（Olivera and Teichert，2007）。根据前体蛋白信号肽的保守性，芋螺毒素可分为 A、O、T、M、P、I 等 6 个超家族，其中大部分作用于离子通道活性的调节（Olivera and Teichert，2007），因此芋螺毒素在麻醉领域有很广泛的应用。本研究中芋螺毒素 Cl14.12 的高度表达说明：芋螺毒素可能在脉红螺的掠食过程中起重要作用。目前还没有关于该物种的芋螺毒素的报道，为什么脉红螺体内存在芋螺毒素？它与芋螺体内的芋螺毒素有什么差异？脉红螺的芋螺毒素是否有药用价值？这些问题都值得进一步研究。此外，铁蛋白相关基因在脉红螺早期发育阶段也有很高的表达水平，铁蛋白在免疫防御、代谢和抗氧化应激等方面起重要作用。*vdg3* 基因亦有很高的表达水平（FPKM=9493.17）。在耳鲍（*Haliotis asinina*）由浮游幼体变态成底栖稚贝的过程中，发育相关的 *vdg3* 的表达量表现出 20 倍的增长，被认为在肠道形态发生或消化中发挥作用（Jackson et al., 2005)。然而, 其表达模式在脉红螺中仍然是未知的。在这 20 条高表达的基因中, 有 4 条基因尚不能在 NR、SwissProt 或其他数据库中得到注释, 另外两个基因 (c96186_g1、c150134_g1) 被注释为 "假定蛋白", 由此说明, 贝类的基因功能有待挖掘, 一些基本发育机制还需要进一步研究。

表 5-8 脉红螺早期发育过程中表达量最高的前 20 条基因

基因 ID	FPKM	片段长度	E 值	注释信息	注释参考物种	NCBI 索引号
c144900_g1	13 091.99	513	—	—		
c122651_g1	12 214.1	551	—	—		
c66232_g1	9 979.97	846	1.18E-156	cytochrome c oxidase subunit III (mitochondrion)	*Rapana venosa*	AIM46740.1
c95470_g1	9 493.17	237	7.22E-11	vdg3	*Mytilus edulis*	DQ268867.1
c152018_g2	9 163.4	1 704	0	PREDICTED: tubulin alpha-3E chain	*Oryctolagus cuniculus*	XP_002723497.1
c85865_g1	8 194.25	1 775	0	PREDICTED: elongation factor 1-alpha-like isoform X1	*Aplysia californica*	XP_005113003.1
c137346_g2	7 885.35	1 124	2.24E-118	ferritin, partial	*Reishia clavigera*	AET43963.1
c124801_g1	7 786.6	515	1.17E-15	conotoxin Cl14.12	*Conus californicus*	D6C4I6.1
c104226_g1	7 772.87	1 572	0	cytochrome c oxidase subunit I (mitochondrion)	*Reishia clavigera*	YP_001586125.1
c96186_g1	7 384.21	336	6.52E-13	hypothetical protein LOTGIDRAFT_201103	*Lottia gigantea*	XP_009049519.1
c147939_g2	7 248.94	1 073	—	—		
c145313_g1	6 572.04	1 147	0	cytochrome b	*Rapana venosa*	YP_002213585.1
c123015_g1	6 347.86	347	1.78E-33	Ubiquitin-60S ribosomal protein L40, partial	*Bos mutus*	ELR54587.1
c145993_g1	5 301.07	2 543	0	actin I	*Sepia officinalis*	CCG28026.1
c126368_g1	5 166.36	1 661	5.33E-126	cytochrome c oxidase subunit II (mitochondrion)	*Concholepas concholepas*	YP_006303367.1
c150134_g1	5 068.05	1 663	0	hypothetical protein LOTGIDRAFT_202077	*Lottia gigantea*	XP_009052702.1
c152018_g1	4 132.15	372	3.84E-36	ribosomal protein rpl37	*Eurythoe complanata*	ABW23234.1
c106454_g1	4 043.1	525	2.46E-70	40S ribosomal protein S12	*Crassostrea gigas*	EKC42018.1
c33599_g1	3 975.36	1 378	—	—		
c72817_g2	3 712.28	539	2.78E-28	ribosomal protein P1	*Ostrea edulis*	AFJ91749.1

(四) 与早期生长发育相关的功能基因分析

有证据表明, 神经或内分泌系统可能是调控腹足类动物变态的关键 (Hadfield et al., 2000), 因此本研究从转录组数据库中选择了与神经内分泌系统相关的 6 条序列 (表 5-9), 通过实时定量 PCR 分析 (图 5-7) 5-羟色胺受体 1 (5-HTR1)、神经元乙酰胆碱受体亚基 α-5、表皮生长因子受体（EGFR）、胰岛素样生长因子 1 受体（IGF-1）、一氧化氮合酶（NOS）和 GABA 受体相关蛋白（GABARAP）等基因在脉红螺不同发育阶段的表达情况。5-羟色胺及其受体参与软体动物神经元活动的各项功能，包括椎实螺（*Lymnaea stagnalis*）的摄食（Kawai et al.，2011）、海兔（*Aplysia californica*）的昼夜节律（Levenson et al.，1999）、椎实螺的运动（Filla et al.，2004）和黑鲍（*Haliotis rubra*）的生长（Panasophonkul et al.，2009）。同时，药理学和生态学实验表明，5-羟色胺受体介导了许多软体动物的附着和变态，如旋节螺科的旋节螺（*Helisoma trivolvis*）（Glebov et al.，2014）和美东泥织纹螺（*Ilyanassa obsolete*）（Leise et al.，2001），在变态前期到变态阶段的转变过程中，5-羟色胺受体基因的表达水平明显下调（Glebov et al.，2014）。

表 5-9　用于实时定量 PCR 实验的 6 条与神经内分泌系统相关的序列

序列 ID	基因长度（bp）	SwissProt E 值	SwissProt 注释信息
c134668_g1	1598	8.36E-90	5-羟色胺受体 1
c138434_g1	1117	5.56E-28	神经元乙酰胆碱受体亚基 α-5
c146789_g2	2173	2.60E-40	表皮生长因子受体
c155302_g1	5897	3.42E-70	胰岛素样生长因子 1 受体
c156806_g2	3279	0	一氧化氮合酶
c45247_g1	2390	1.98E-68	GABA 受体相关蛋白

在脉红螺早期发育阶段，5-羟色胺受体基因的相对表达量随着幼体的发育而稳定下降（图 5-7），与耳鲍相似。在后幼体时期，5-羟色胺受体基因的表达量达到最低，而在 1 螺层阶段的表达水平最高。这表明在早期阶段，脉红螺幼体对外界环境更加敏感。神经元乙酰胆碱受体亚基 α-5 基因的相对表达量在脉红螺 3 螺层早期达到峰值，当脉红螺幼体具有变态能力之后，其表达量显著降低。*EGFR* 的相对表达水平在脉红螺 1 螺层状态下保持在中等水平，在 2 螺层和 3 螺层时下降，然后在变态幼体（4 螺层时期）和稚螺期显著上升，这与太平洋牡蛎（*C. gigas*）变态过程中大量表达的 *EGFR* 相似（Han et al.，2012；Qin et al.，2012）。因此，脉红螺变态过程中的生长发育，以及变态后的机体结构改变及快速生长，可能和 *EGFR* 基因的上调有关。*IGFR* 在 6 个阶段相对稳定地表达，除 3 螺层后期有显著的上调外。该结果与太平洋牡蛎有一些差异，在太平洋牡蛎中其 *IGFR* 表达在附着前保持低水平，在眼点幼体期和附着 0.5h 后表达量增加（Qin et al.，2012）。GABARAP 蛋白在进化上很保守，且与免疫密切相关。它在贝类的先天免疫中，尤其是细菌刺激引起的抗原反应中起到关键作用（Bai et al.，2012）。另外，它在杂色鲍的幼体发育过程中具有重要作用（Bai et al.，2012）。与 1 螺层、2 螺层和 3 螺层早期相比，GABARAP 在脉红螺幼体发育后期高度表达，免疫系统在附着变态后的变

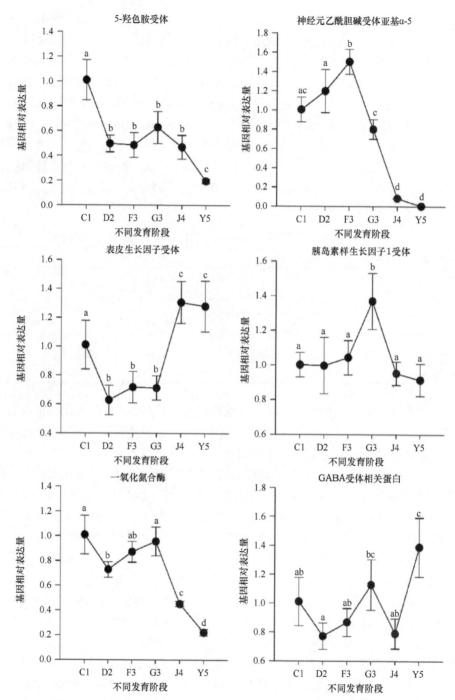

图 5-7　6条神经内分泌相关的基因在脉红螺不同发育阶段中的表达情况

C1. 1 螺层幼体；D2. 2 螺层幼体；F3. 3 螺层早期幼体；G3. 3 螺层后期幼体；J4. 4 螺层幼体；Y5. 稚螺。不同字母表示各种基因之间存在显著性差异（$P < 0.05$），数值以平均值±标准误表示（$N=5$）

化可能与幼体发育后期 *GABARAP* 基因上调有关。一氧化氮合酶基因的表达量在脉红螺幼体具有变态能力后明显下降。存在于神经元中的 NOS 负责神经递质 NO 的合成，在软体动物变态发育过程中有重要作用（Laudet et al.，2013）。在脉红螺变态开始后 *NOS* 基因表达量下调，这在美东泥织纹螺中也有所发现（Froggett and Leise，1999）。通过生态毒理学实验发现，抑制美东泥织纹螺中的 NOS 活性可以促进幼体变态，暗示 NOS 在美东泥织纹螺中起负调控作用。

二、脉红螺附着变态过程中基因表达谱特征

（一）测序结果统计及数据分析

利用 Illumina Hi-Seq 2500 平台，以 5 个发育阶段的 15 个 RNA 样品为材料，建立脉红螺不同发育阶段幼体及稚螺基因表达谱，表达谱测序结果见表 5-10，每个样本获得了 1051 万～1557 万条 raw reads。再去除低接头序列、质

表 5-10 不同发育时期脉红螺幼体及稚螺基因表达谱测序结果

样品名	Raw Reads	Clean reads	Clean bases	Error（%）	Q20（%）	Q30（%）	GC Content（%）	Total mapped（% of Clean Data）
C1_1	10 985 377	10 893 487	0.54G	0.01	98.47	97.02	47.89	9 428 310（86.55%）
C1_2	13 169 590	12 998 744	0.65G	0.01	98.48	97.04	46.89	11 153 576（85.81%）
C1_3	12 218 112	11 735 699	0.59G	0.01	98.48	97.04	47.58	10 123 873（86.27%）
D2_1	15 568 814	15 171 768	0.76G	0.01	98.59	97.16	48.73	13 191 966（86.95%）
D2_2	12 006 329	11 727 213	0.59G	0.01	98.49	96.97	48.71	10 186 346（86.86%）
D2_3	14 569 020	14 161 517	0.71G	0.01	98.59	97.17	48.91	12 368 256（87.34%）
F3_1	13 122 713	12 689 128	0.63G	0.01	98.08	95.99	48.99	11 044 387（87.04%）
F3_2	10 972 646	10 832 113	0.54G	0.01	98.11	96.04	48.37	9 341 753（86.24%）
F3_3	12 235 201	12 145 123	0.61G	0.01	98.12	96.06	48.32	10 514 719（86.58%）
G3_1	10 508 213	10 302 115	0.52G	0.01	97.91	95.40	47.90	8 708 196（84.53%）
G3_2	11 352 406	11 225 014	0.56G	0.01	97.91	95.38	46.38	9 245 843（82.37%）
G3_3	12 068 623	11 907 135	0.6G	0.01	97.89	95.34	47.03	9 846 087（82.69%）
J4_1	14 827 351	14 665 024	0.73G	0.01	98.14	96.07	46.76	12 283 484（83.76%）
J4_2	12 026 881	11 908 433	0.6G	0.01	98.14	96.07	46.57	9 996 051（83.94%）
J4_3	12 376 019	12 118 735	0.61G	0.01	98.14	96.08	47.26	10 146 937（83.73%）
Y5_1	13 520 738	13 375 042	0.67G	0.01	98.27	96.53	46.72	11 220 158（83.89%）
Y5_2	12 988 065	12 634 083	0.63G	0.01	98.22	96.45	47.00	10 615 299（84.02%）
Y5_3	12 780 985	12 628 348	0.63G	0.01	98.24	96.48	47.27	10 597 512（83.92%）

注：Raw reads：统计原始序列数据，以四行为一个单位，统计每个文件的测序序列的个数。Clean reads：计算方法同 Raw reads、Raw bases，只是统计的文件为过滤后的测序数据。后续的生物信息分析都是基于 Clean reads。Clean bases：测序序列的个数乘以测序序列的长度，并转化为以 G 为单位。Error：碱基错误率。Q20、Q30：Phred 数值大于 20、30 的碱基占总体碱基的百分比。GC Content：碱基 G 和 C 的数量总和占总的碱基数量的百分比。Total mapped：与转录组数据库匹配的 Clean reads 数量和百分比。C1：1 螺层幼体；D2：2 螺层幼体；F3：3 螺层早期；G3：3 螺层晚期；J4：4 螺层幼体；Y5：稚螺

量序列后，每个样本含 1030 万～1517 万条 clean reads（raw reads 的 99.26%～96.05%），错误率在 0.01%以下，约有 85%的测序数据成功匹配到转录组数据库中，说明表达谱的测序深度和质量良好。

（二）差异基因分析

图 5-8 显示，在脉红螺 5 个发育阶段中共有差异基因和特有差异基因 27 666 条，说明幼体由不具备变态能力的早期幼体（1～3 螺层）发育到具备变态能力（4 螺层幼体）再历经变态，是一个多基因调控的复杂过程。其中有 11 条差异基因的表达量在每个阶段都发生了显著改变，另外在变态前后共有 7069 条特有差异基因。这些差异基因表达模式各有不同，有些基因在不具备变态能力时高表达（如 SARP-19），有些基因在变态前（4 螺层幼体期间）高表达（如 *actin*、*sulfotransferase 1A2* 和 *sulfotransferase 1C2*），有些基因表达量则在变态后显著提高（如 *trypsin* 和 *defensin*）。这些差异基因在幼体发育和变态的不同生物学过程中发挥作用，大部分基因与其生长、免疫、信号转导等密切相关（表 5-11）。

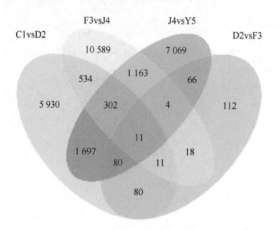

图 5-8　脉红螺不同发育阶段差异基因维恩图
每个大圆圈代表一种比较组合，大圆圈中的数值代表该比较组合中的差异基因个数，
各个圆圈重叠部分则表示各个比较组合中所共有的差异基因

表 5-11　脉红螺幼体发育过程中的部分关键差异基因

基因 ID	FPKM					NR/SwissProt 注释信息
	C1	D2	C3	J4	Y5	
生长相关						
c145901_g1	28.17±4.11	4.89±0.20	4.83±0.74	1.63±0.17	1.13±0.38	Growth/differentiation factor 8
c137141_g1	1.58±0.77	0.11±0.19	0.10±0.18	51.52±6.43	145.47±9.43	Fibropellin
c100045_g1	1.64±0.16	0.65±0.06	0.74±0.41	0.17±0.02	0.34±0.07	Nodal
c145993_g2	3.98±1.76	0.97±0.60	0.32±0.56	50.06±2.90	1.41±0.04	Actin

续表

基因 ID	FPKM					NR/SwissProt 注释信息
	C1	D2	C3	J4	Y5	
c146789_g2	9.02±0.17	5.68±0.64	5.68±0.04	13.56±0.67	13.01±0.95	Epidermal growth factor receptor
神经系统相关						
c134668_g1	4.14±0.32	2.12±0.26	1.78±0.24	2.32±0.39	0.89±0.29	5-hydroxytryptamine receptor 1
c138434_g1	2.58±0.42	3.09±0.08	3.44±0.63	0.28±0.20	0.00±0.00	Neuronal acetylcholine receptor
c156806_g2	4.76±0.11	3.67±0.14	3.39±0.51	2.45±0.04	1.22±0.36	Nitric oxide synthase
c90120_g1	71.07±2.83	50.29±1.91	49.18±1.55	46.61±1.98	101.93±4.53	GABA（A）receptor-associated protein
消化系统相关						
c124801_g1	2 083.42±193.38	8 288.19±320.86	9 144.35±631.79	2 226.16±100.74	0.13±0.23	Conotoxin
c150903_g1	65.50±5.18	70.21±3.19	69.11±7.10	2.64±0.34	1.59±0.09	Exoglucanase XynX
c154739_g1	35.47±1.81	526.05±13.37	595.43±28.38	22.31±0.91	0.05±0.01	Endoglucanase E-4
c95470_g1	3 989.92±168.41	11 536.75±123.56	13 857.77±358.89	2 519.76±154.86	3.09±1.45	vdg3
c105120_g1	1.95±0.37	12.40±0.24	17.84±3.84	1 695.11±50.76	6 247.54±525.34	Developmentally-regulated vdg3
c128291_g1	0.04±0.03	0.02±0.03	0.06±0.06	29.25±1.51	221.63±15.27	Trypsin
c147105_g1	0.30±0.26	0.10±0.10	0.00±0.00	91.37±7.91	187.18±25.41	Carboxypeptidase B
免疫系统相关						
c115222_g1	4.27±1.29	12.00±0.68	12.61±0.66	6.71±0.37	36.95±0.15	Tumour necrosis factor
c137778_g1	0.62±0.27	0.95±0.17	1.35±0.78	4.70±0.98	163.68±6.87	Defensin
c149483_g1	3.29±0.34	10.01±2.01	10.32±1.35	5.20±0.89	24.37±4.74	Toll2
凋亡相关						
c132048_g1	22.78±0.90	30.65±1.10	26.18±0.92	42.81±2.64	14.86±0.34	Apoptosis-inducing factor 1
c135194_g1	0.76±0.10	0.61±0.06	0.78±0.10	2.54±0.25	1.25±0.19	Caspase-7
c147256_g2	18.34±0.12	15.66±0.35	15.15±0.55	15.41±0.52	7.53±0.73	Caspase-3
c151900_g1	2.52±0.69	5.06±0.56	4.23±0.88	4.61±0.65	10.52±0.62	Apoptosis 2 inhibitor
其他						
c116117_g1	7.06±1.78	64.45±4.37	52.10±2.14	15.95	99.14±9.69	Calmodulin
c125727_g1	0.49±0.12	0.37±0.03	0.63±0.24	62.61	3.70±0.06	Sulfotransferase 1C2
c141012_g1	6.10±0.55	6.37±0.75	6.54±0.97	70.58	8.93±1.33	Sulfotransferase 1A2
c112229_g1	267.04±8.16	223.74±0.946	252.36±11.47	53.19±1.99	5.86±0.62	SARP-19

（三）差异基因的表达模式分析

通过 qPCR 验证，研究了 20 条在脉红螺附着变态前后显著改变的差异基因（上调最显著 10 条和下调最显著 10 条）。结果如图 5-9 和表 5-12 所示，数字基因表达谱的数据与 qPCR 的分析结果具有很好的一致性，说明 RNA-seq 的数据较为真实可靠。

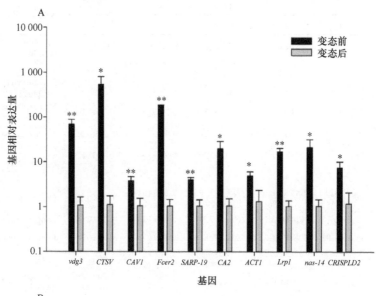

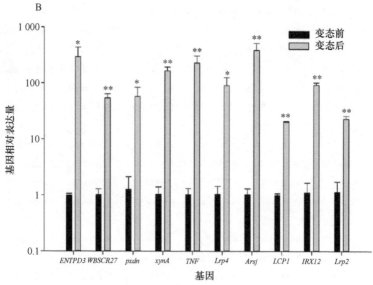

图 5-9　变态前幼体和变态后幼体体内 20 个差异基因的相对表达水平

A. 变态后表达下调的 10 个基因：*vdg3*；*CTSV*，组织蛋白酶 L2 基因；*CAV1*，*caveolin-1*；*Fcer2*，低亲和力免疫球蛋白 εFc 受体基因；*SARP-19*；*CA2*，碳酸酐酶 2 基因；*ACT1*，肌动蛋白 1 基因；*Lrp1*，低密度脂蛋白受体相关蛋白 1 基因；nas-14，锌金属蛋白酶 nas-14；*CRISPLD2*，富含半胱氨酸的分泌蛋白 LCCL 结构域 2 基因。B. 变态后表达上调的 10 个基因：*ENTPD3*，核苷三磷酸二磷酸水解酶 3 基因；*WBSCR27*，Williams-Beuren 综合征染色体区域 27 蛋白基因；*pxdn*，过氧化物基因；*xynA*，β-1, 4-木聚糖酶基因；*TNF*，肿瘤坏死因子基因；*Lrp4*，低密度脂蛋白受体相关蛋白 4 基因；*Arsj*，芳基硫酸酯酶 J 基因；*LCP1*，消化性半胱氨酸蛋白酶 1 基因；*IRX12*，Laccase-4 基因；*Lrp2*，低密度脂蛋白受体相关蛋白 2 基因

表 5-12　脉红螺差异表达基因在变态前后转录调控特征

			变态后上调基因（前 10）
基因编号	差异倍数	*p* 值	注释结果
c71768_g2	13.28	7.82E-70	Pancreatic triacylglycerol lipase（Fragment）[*Lottia gigantea*]
c145604_g1	9.66	5.51E-207	Inactive pancreatic lipase-related protein 1 [*Lottia gigantea*]
c48286_g1	5.60	1.55E-22	Phospholipase A2 isozymes PA3A/PA3B/PA5 [*Crassostrea gigas*]
c140662_g1	4.40	4.97E-101	Serine protease，partial [*Scrobicularia plana*]
c151210_g1	4.05	4.97E-67	Diacylglycerol *O*-acyltransferase 1 [*Lottia gigantea*]
c134956_g1	4.02	4.55E-17	Solute carrier family 40 member 1-like [*Aplysia californica*]
c125046_g1	3.21	2.58E-13	Natural resistance-associated macrophage protein 2-like [*Aplysia californica*]
c143585_g1	3.19	1.26E-52	Pancreatic lipase-related protein 1 [*Crassostrea gigas*]
c156120_g2	3.16	3.74E-12	Cubilin-like [*Hydra vulgaris*]
c71768_g1	3.11	1.81E-35	Pancreatic triacylglycerol lipase（Fragment）[*Lottia gigantea*]
			变态后下调基因（前 10）
基因编号	差异倍数	*p* 值	注释结果
c132327_g1	12.83	9.56E-143	Pancreatic lipase-related protein 2 [*Lottia gigantea*]
c154739_g1	8.83	2.60E-186	Endoglucanase-like isoform X1 [*Aplysia californica*]
c148416_g1	6.28	1.00E-21	ATP binding cassette family C protein [*Azumapecten farreri*]
c155829_g1	4.86	4.55E-10	Sodium/calcium exchanger 3-like [*Saccoglossus kowalevskii*]
c152982_g2	4.74	3.95E-41	Carbonic anhydrase [*Petromyzon marinus*]
c156902_g1	4.36	2.85E-38	Alpha-amylase [*Cerastoderma edule*]
c146228_g1	3.42	8.68E-32	Aquaporin，partial [*Lymnaea stagnalis*]
c150573_g5	3.21	1.82E-45	Electroneutral sodium bicarbonate exchanger 1-like [*Aplysia californica*]
c152144_g1	3.08	4.79E-49	Collagen alpha-2（IV）chain-like [*Aplysia californica*]
c140691_g1	2.53	3.59E-07	Multidrug resistance-associated protein 14 [*Culex quinquefasciatus*]

1. 与生长相关的差异基因

在脉红螺早期发育过程中，*actin*（c145993_g2）基因在从不具备变态能力（1～3 螺层幼体）到具备变态能力（4 螺层幼体）的转变过程中，其基因表达量增加了近 150 倍，继而在变态后其表达量又下调了 36 倍左右。肌动蛋白 Actin 是微管的重要组成蛋白，在海胆变态过程中，Actin 在幼体腕的收缩和重吸收过程中起到关键作用，并且该基因在变态前的高表达可能对启动变态有不可或缺的作用（Burke，1985）。*Fibropellin-1* 基因在不具备变态能力时其表达量很低，而在 4 螺层幼体时期显著高表达，变态后其表达量进一步增加。*Fibropellin-1* 曾在海胆中被称为表皮生长因子-1，它能调控幼体发育过程中的信号转导，缺失 *Fibropellin-1* 基因会造成发育缺陷（Kamei et al.，2000；Yang et al.，1989）。在变态过程中，这几种基因的改变提示其可能在变态中发挥重要作用。

2. 与神经系统相关的差异基因

与神经系统相关的基因中，5-羟色胺受体基因、神经元乙酰胆碱受体基因和一氧化氮合酶（NOS）基因在脉红螺变态后发生了下调。5-羟色胺和它的受体在贝类的生理活动中发挥重要作用，如控制海兔（*Aplysia californica*）的昼夜节律（Levenson et al.，1999）、椎实螺（*Lymnaea stagnalis*）的运动和摄食（Filla et al.，2004；Kawai et al.，2011）、黑鲍（*Haliotis rubra*）的发育（Panasophonkul et al.，2009）。生态药理学实验发现，5-羟色胺受体调控很多贝类的附着变态过程，包括美东泥织纹螺（*Ilyanassa obsolete*）（Leise et al.，2001）、旋节螺（*Helisoma trivolvis*）（Glebov et al.，2014）等。在旋节螺中，5-羟色胺受体基因的表达量在变态过程中也发生了显著下调（Glebov et al.，2014）。此外，一氧化氮合酶及其合成产物一氧化氮也被证实在贝类的变态过程中起关键作用（Laudet et al.，2013）。美东泥织纹螺在启动变态时，其 *NOS* 基因的表达量也同样发生了下调，并且通过药理学实验发现，利用 NOS 抑制剂抑制其活性可以促进美东泥织纹螺的变态，因此 *NOS* 被认为在美东泥织纹螺变态过程中起到负调控作用（Froggett and Leise，1999）。与此相反的是，有研究表明，NOS 和 NO 对耳鲍变态过程起到正向调控作用，NOS 和 NO 基因表达量的增加会显著促进变态（Ueda and Degnan，2014）。在脉红螺变态过程中，5-羟色胺受体、神经元乙酰胆碱受体和 NOS 所起到的作用还有待进一步考究。

3. 与消化系统相关的差异基因

本研究还鉴定到了很多与消化系统相关的差异基因。*vdg3*（c105120_g1）在脉红螺浮游幼体中随着发育时间的推移，其表达量稳步上升，在变态后急剧升高。这与鲍鱼属的 *H. diversicolor* 和耳鲍体内的 *vdg3* 表达模式相近，在从浮游幼体向底栖稚螺转变的过程中，*vdg3* 基因表达量至少增加了 10 倍以上，且在消化道和消化腺中特异表达，因为 *vdg3* 被认为可能参与消化道的形态发生和消化功能（Jackson et al.，2005；He et al.，2014）。值得提出的是，本研究发现，*vdg3*（c105120_g1）的同源基因 *vdg3*（c95470_g1）却有着完全相反的表达模式，其在变态后表达量显著下降。它们可能相互起到拮抗作用。在 *H. diversicolor* 中也发现了这一点（He et al.，2014）。因此本研究提供了非常有意思值得进一步挖掘的研究点。

此外，肉食性消化酶胰蛋白酶基因（c128291_g1）和羧肽酶 B 基因（c147105_g1）的表达量也发生了显著变化，在脉红螺幼体发育前期，这些消化酶基因具有极低的表达水平，而在幼体变态发育后具有很高的表达水平。胰蛋白酶是丝氨酸蛋白酶类型。在许多脊椎动物的消化系统中，胰蛋白酶参与蛋白质水解。羧肽酶 B 被称为蛋白酶，可以切割肽键蛋白质或肽的 C 端。这些消化酶编码基因的表达量高说明稚螺阶段的消化过程很活跃。另外，本研究还发现一些植物性消化酶的基因在变态前的幼体中保持较高表达量，但变态之后表达量明显降低，如外切葡聚糖酶基因（c150903_g1）和内切葡聚糖酶基因（c154739_g1）。可以初步推测，肉食性胰蛋白酶在变态发育过程中逐步取代了植食性消化酶，因此在变态发育过程中食性也由植食性逐步转换为肉食性。另外，芋螺毒素基因（c124801_g1）在幼体发育前期高度表达，但在幼体变态后迅速下降到几乎为零。芋螺毒素是在芋螺毒管中发现的一类神经毒素多肽，该毒素决定了芋螺特殊的捕食方式，且在临床的麻醉剂和镇静剂方面有广阔的应用前景（Terlau and Olivera，2004）。根据芋螺毒素基因的表达模式可以推测，脉红螺浮游幼体与芋螺浮游幼体在进化上比较近缘且保守，变态后分化加大。该推测值得进一步探究。

4. 与免疫系统相关的差异基因

与免疫系统相关的基因如 Toll 受体-2 基因（c149483_g1）、防卫素基因（c137778_g1）和肿瘤坏死因子基因（c115222_g1）表达量在脉红螺幼体变态后显著上调。初步推测，幼体获取食物时，底栖稚螺将更多地暴露于病原体环境中，因此刺激了更强的免疫反应（Huang et al.，2012）。此外，GO 富集分析的 GOBP 组中，"免疫系统过程"和"免疫反应"条目显示显著上调，"α-L-岩藻糖苷酶活性"和"岩藻糖苷酶"在 GOMF 组中显著上调[该部分结果本节未展示，详见 Song 等（2016）的报道]。有相关报道显示，岩藻糖苷酶在光滑双脐螺（*Biomphalaria glabrata*）寄生虫和宿主相互作用等过程中发挥重要作用（Perrella et al.，2015）。由此可推测，在变态前后由于食性发生变化，脉红螺摄食双壳类生物比起摄食微藻更容易产生寄生虫，因此与免疫系统相关的基因表达量上调。此外，KEGG 富集也表明 TLR 信号通路相关基因表达量显著上调（*q*=7.39e-07）。TLR 是一种模式识别受体（PRR），TLR 及其信号通路在识别各种病原体相关分子模式中发挥着关键作用，是生物体抵御病原体入侵的第一道防线（Wang et al.，2011）。另外，其他免疫相关途径相关基因表达量也明显上调，包括"上皮细菌侵袭细胞"和"白细胞跨内膜迁移"相关基因，表明了免疫系统的这些变化是应对变态后栖息地和摄食习惯的改变而做出的应答。有相关研究曾提出，贻贝（*M. galloprovincialis*）幼体在变态后对环境信号做出响应并提高了免疫系统相关基因的表达量，变态是贝类免疫系统发育的一个关键时期（Balseiro et al.，2013）。在海鞘（*Boltenia villosa*）的研究中也发现，免疫相关基因表达量在变态过程中上调，突出了变态过程中先天免疫所发挥的作用（Davidson and Swalla，2002）。相关免疫基因在脉红螺变态过程中的上调不仅简单地反映了免疫系统的成熟，还与幼体变态时组织/器官的凋亡和重吸收有关，更重要的是，它促进了贝类幼体探测和响应细菌提示的附着变态线索（Balseiro et al.，2013）。

5. 与细胞凋亡相关的差异基因

脉红螺变态过程中的一个重要现象就是幼体面盘的退化，它是由细胞程序性死亡所控制的。本研究发现，细胞凋亡诱导因子基因（c132048_g1）和执行因子基因（c135194_g1、c147256_g2）在变态之后显著下调，而凋亡抑制剂基因（c151900_g1）在变态后上调，这与脉红螺变态过程中面盘的形态学变化相吻合。有研究显示，半胱天冬酶（*caspase*）基因在贝类幼体变态过程中显著高表达，如在 *Crassostrea angulate*（Yang et al.，2012）、贻贝（Romero et al.，2011）和美东泥织纹螺（*I. obsolete*）（Gifondorwa and Leise，2006）中都表明半胱天冬酶在软体动物幼体的变态中起重要作用。

6. 其他基因

在脉红螺浮游幼体发育阶段，钙调节蛋白基因（c116117_g1）的表达一直处于较低水平，但在变态后表达量显著增加。它是能与多种信号蛋白相互作用的代谢调节剂，包括与磷酸酶、激酶和膜受体的作用。钙调节蛋白及其相关的结合蛋白在很多重要的生物过程中发挥作用，如细胞生长、神经元发展和细菌发病机制等（O'Day，2003）。这种蛋白质在华美盘管虫（*Hydroides elegans*）变态后 12h 内达到最高水平，且在成虫体内一直保持高表达水平。在线虫生长区域的原位杂交结果显示，钙调节蛋白基因表达旺盛，表明其在组织分化和发育中有重要功能（Chen et al.，2012），另外，它也参与了珠母贝（*Pinctada fucata*）的生物矿化过程（Fang et al.，2008）。

c112229_g1 与滨螺（*Littorina littorea*）中发现的 *SARP-19* 基因相似，是海洋腹足类缺氧反应中的一种相关功能蛋白（Larade and Storey，2004）。而与本研究相反的是，*SARP-19* 在 *H. diversicolor* 浮游幼体的发育过程中表达量平稳，在附着变态后表达量急剧增加（He et al.，2014）。体内 *SARP-19* 截然相反的表达模式是否预示着变态的特殊性，有待进一步研究。

三、脉红螺附着变态过程中蛋白质组响应特征

（一）蛋白质数据统计分析

利用 iTRAQ 技术对具有变态能力的 4 螺层幼体和变态后幼体进行研究，下机的原始数据已经上传至 ProteomeXchange 数据库（登录号：PXD004119）。如

表 5-13 所示，本研究中质谱实验共检测到二级谱图 224 473 个，其中 Unique 谱图 46 485 个。共鉴定到多肽 21 626 条，其中含 20 175 个 Unique 肽段，共确定了 5321 个蛋白质，其中 470 个蛋白质在脉红螺变态后发生了显著上调，668 个蛋白质在变态后发生了显著下调。火山图 5-10 展示了这些差异蛋白的整体表达丰度和差异倍数分布。

表 5-13　脉红螺变态的蛋白质组学 iTRAQ 鉴定结果

项目	数量
Total Spectra	224 473
Spectra	53 723
Unique Spectra	46 485
Peptide	21 626
Unique Peptide	20 175
Protein	5 312
Upregulated protein	470
Downregulated protein	668

注：Unique Spectra 为匹配到特有肽段的谱图数量，Peptide 为鉴定到的肽段的数量，Unique Peptide 为鉴定到特有肽段序列的数量，Protein 为鉴定到的蛋白质数量

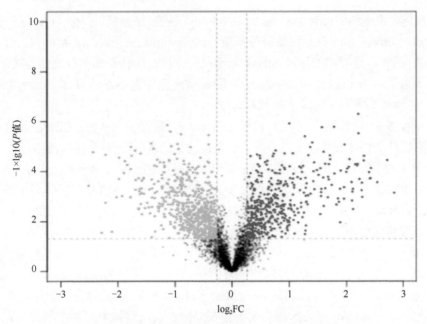

图 5-10　脉红螺变态过程中整体蛋白质变化表达丰度图

$\log_2$Ratio（PL/CL）大于 1.2 的蛋白质（变态后上调）用红色表示，$\log_2$Ratio（PL/CL）小于 0.83 倍的蛋白质（变态后下调）用绿色表示；PL 为变态后稚螺缩写；CL 为具有变态能力的幼体

（二）差异蛋白的 GO 注释和 KEGG 富集分析

GO 注释分析发现，脉红螺变态过程中的差异蛋白在生物功能（biological process，BP）类别下有 77 个显著富集条目；细胞组分（cellular component，CC）类别下有 27 个显著富集条目；分子功能（molecular function，MF）类别下有 63 个显著富集条目。其中，三个类别下的显著富集 GO 条目如图 5-11 所示。metabolic process、cellular process 和 single-organism process 等条目是 BP 类别下最显著富集的，cell 和 cell part 等条目则是 CC 类别下最显著富集的，与此同时，binding 和 catalytic activity 等条目则是 MF 类别下最显著富集的。

对差异蛋白的 KEGG 通路分析显示，共有 7 条 KEGG 通路发生显著富集（$q <$ 0.05，表 5-14）。其中光转导途径、戊糖和葡萄糖醛酸酯转换、嗅觉传导和唾液分泌等 KEGG 通路的富集可能与在变态过程中发生的与摄食消化相关的特征改变有关联。此外，甘油酯代谢和半乳糖代谢这两条通路的显著富集可能与变态前后不同的能量策略有关。

（三）差异蛋白分析

1. 细胞骨架和细胞黏附

细胞内细胞骨架（intracellular cytoskeleton）、跨膜细胞黏附组分（transmembrane cell-adhesion component）和细胞外基质（extracellular matrix，ECM）包含复杂的"骨架"网络，这对细胞运动过程，如增殖、分化、迁移和细胞凋亡等至关重要。本研究发现，变态过程中细胞运动的活跃程度往往能由细胞骨架、细胞黏附和 ECM 中涉及的蛋白质的丰度来反映。

微管蛋白（微管蛋白 α-1 链、微管蛋白 α-2 链、微管蛋白 β-2 链和微管蛋白 β-4B 链）在脉红螺幼体发育前期高度表达，但在幼体变态后表达量下降。作为微管的组分，α 和 β 微管蛋白在细胞过程中起重要作用，包括细胞分裂、增殖和迁移（Hammond et al.，2008）。微管蛋白表达的时空变化可能与各种生理功能和翻译后修饰相关（Ikegami et al.，2007），因此，我们观察到的微管蛋白表达模式与其变态过程中蛋白质降解和凋亡介导幼体器官的丧失及幼体特征的形态发生等表现相关（Blake and Woodwick，1975）。此外，本研究结果与其他海洋无脊椎动物在变态发育时同种类型的微管蛋白表达量下降的现象一致[例如，与多毛纲 *Pseudopolydora vexillosa*（Zhang et al.，2010）和 *H. elegans*（Mok et al.，2009）中的研究一致]。

另外，与 ECM 相关的蛋白质也存在差异表达。具体来说，本研究观察到胶原蛋白 β-1（XV、XII 和 XXII 链）、胶原蛋白 β-6（VI 链）和基质金属蛋白酶-19 在脉红螺变态后发生下调。ECM 是细胞基础，参与组织重塑、细胞迁移和分化；有研究

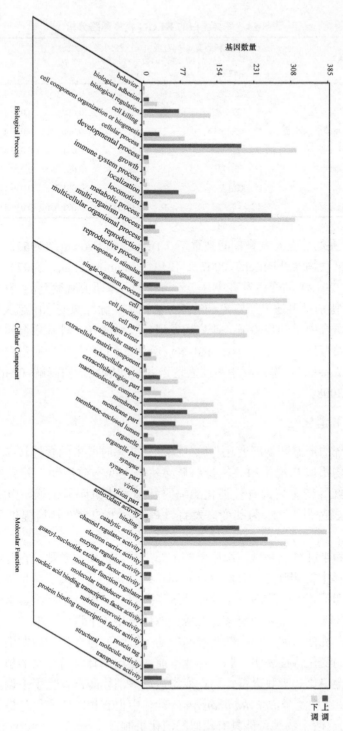

图 5-11 变态后差异蛋白的 GO 富集分析

表 5-14　差异蛋白的 KEGG 富集通路分析

序号	通路	差异蛋白注释到该通路的数目（比例）（347）		所有蛋白质注释到该通路的数目（比例）（2056）		p	q	通路 ID
1	光转导	7	（2.02%）	11	（0.54%）	0.000 655	0.039 412	ko04744
2	己内酰胺退化	7	（2.02%）	11	（0.54%）	0.000 655	0.039 412	ko00930
3	戊糖和葡萄糖醛酸酯转换	12	（3.46%）	27	（1.31%）	0.000 685	0.039 412	ko00040
4	嗅觉传导	9	（2.59%）	18	（0.88%）	0.001 175	0.039 412	ko04740
5	甘油酯代谢	11	（3.17%）	25	（1.22%）	0.001 275	0.039 412	ko00561
6	半乳糖代谢	11	（3.17%）	25	（1.22%）	0.001 275	0.039 412	ko00052
7	唾液分泌	17	（4.9%）	48	（2.33%）	0.001 326	0.039 412	ko04970

表明，ECM 在幼体变态发育期间被重塑（Timpl and Brown，1996），事实上，这个过程在两栖动物（Shi et al.，2007）、昆虫（Fujimoto et al.，2007）和软体动物（Huan et al.，2012）的变态发育中是必不可少的。本研究观察到的表达模式表明，ECM 重塑（特别是上述已经鉴定到的差异蛋白）在脉红螺变态中起关键作用。该假设需要在研究中进一步验证。研究还发现，胶原酶（一种基质金属蛋白酶）在脉红螺变态发育后高表达（Visse and Nagase，2003）。基质金属蛋白酶在鳞翅类 *Galleria mellonella* 变态过程中高度表达，并引起胶原蛋白降解（Altincicek and Vilcinskas，2008）。

2. 摄食和消化

消化系统的形态和功能变化与脉红螺幼体变态时发生的食性转换密切相关。因此，与食物摄取和消化相关的蛋白质必然将在变态前后发生差异表达。本研究发现，脉红螺变态后肉食性消化酶编码基因表达量明显上调，而植食性消化酶编码基因表达量下调，为其变态发育过程中发生的食性转换提供了新的数据支撑。

纤维素和半纤维素是微藻细胞壁的重要组分。本研究发现，在脉红螺变态前的 4 螺层幼体中检测到参与分解纤维素和半纤维素的几种酶表达量很高，内切葡聚糖酶和外切葡聚糖酶这两种重要的纤维素酶组分，以及半纤维素水解过程中重要的酶——内切 1,4-木聚糖酶在脉红螺变态后发生了下调。另外，本研究还发现，半乳糖苷酶（乳糖水解成半乳糖和葡萄糖的关键酶）也在变态后发生了下调。以上这些酶谱的变化特征表明，脉红螺变态前 4 螺层幼体具有丰富的植食性消化酶谱，能够完全消化和吸收微藻，而在变态后这些消化酶都发生了下调。有研究表明，纤维素酶在腹足类 *Babylonia areolata* 幼体中也有相同的变化趋势（Wei et al.，2006），表明这两个物种可能具有相似的消化机制。

此外，本研究还发现，脉红螺幼体变态后蛋白水解酶发生了明显的上调，说明幼体在变态后对蛋白质的消化能力明显增加，与食性转化（植食性变为肉食性）相匹配。例如，消化腺中的主要蛋白水解酶——丝氨酸蛋白酶（胰蛋白酶和胰凝乳蛋白酶）和羧肽酶都在变态后稚螺中高度表达。另外，还观察到在稚螺体内胰腺三酰甘油脂肪酶的明显上调，其可将脂肪水解成脂肪酸进而通过生物膜被吸收（Jensen，1983）。该结果与在腹足类 B. areolata 中发现的结果一致，其脂肪酶亦在变态后发生了上调（Wei et al.，2006）。初步推断，研究发现的纤维素酶下调和蛋白酶/脂肪酶上调主要与幼体变态发育过程中食性转换相关，正是这些相关酶谱的变化使得脉红螺幼体在变态过程中逐步由植食性转变为肉食性。

另外，在变态后的稚螺体内发现，芋螺毒素和富含半胱氨酸的毒液蛋白存在较高的表达量。前者是一种最先从 Conus spp.毒液中分离出来的神经毒肽（Olivera and Teichert，2007），后者是在芋螺的一个特殊种 Conus textile 中被发现的。这两种蛋白变态后的高表达表明，稚螺可能与芋螺具有相似的捕食机制。

总而言之，与摄入和消化相关的多种蛋白酶谱的变化表明了脉红螺在双相生活史中为适应变态前后不同的营养需求具有摄食不同食物的能力。

3. 应激反应和免疫力

在贝类变态过程中，涉及应激反应和免疫的蛋白质往往发生上调（Heyland and Moroz，2006）。本研究发现，抗氧化酶，如硫氧还蛋白-T 和过氧化物还原酶-2 在脉红螺 4 螺层幼体期高度表达。类似的结果已经在太平洋牡蛎（C. gigas）中发现，其在启动变态过程时过氧化物还原酶显著上调（Huan et al.，2015）。这些表达模式表明，具有变态能力的幼体在启动变态过程中可能经历了大量的活性氧（ROS）的氧化应激（Huan et al.，2015）。有关两栖动物的研究表明，在内源性甲状腺激素诱导变态的同时，也增强了线粒体的呼吸作用，导致产生更高含量的 ROS（Inoue et al.，2004）。类似的应激机制也可能存在于脉红螺变态过程中，本研究发现的抗氧化酶可能对于保护 ROS 诱导的细胞免受损伤和维持变态过程中细胞氧化还原稳态至关重要。

另外，本实验还发现，脉红螺变态后其血蓝蛋白（RvH）A 型和 G 型显著上调。血蓝蛋白在罗马蜗牛（Helix pomatia）中首次鉴定到，该蛋白具有两个能与氧可逆结合的铜原子，并且可作为与血红蛋白相似的氧传递分子（Strobel et al.，2012）。在寒冷环境和低氧压力条件下，血蓝蛋白的氧运输能力更强（Strobel et al.，2012）。同时，血蓝蛋白也在先天免疫中发挥重要作用，表现出抗病毒、抗微生物和抗肿瘤等作用（Olga et al.，2015）。已有研究表明，从 RvH 中分离的 4 种富含脯氨酸的多肽，均表现出抗革兰氏阳性克雷伯杆菌和抗革兰氏阴性金黄色葡萄球菌的抗菌活性（Dolashka et al.，2011），此外，RvH 的两个亚基 RvH-1 和 RvH-2 对单纯疱疹病毒具有强大的抗病毒作用（Velkova et al.，2014），这进一步说明了血蓝蛋白在机体免疫中所发挥的作用。因此，有关血蓝蛋白在脉红螺幼体变态过程中表达量的升高可作如下解释：在进化水平上，它是由浮游生活转变为底栖匍匐生活方式过程中对缺氧胁迫的适应；在发育水平上，它反映了脉红螺变态后免疫系统成熟期。不仅仅是血蓝蛋白，其他蛋白质如 α-2-巨球蛋白和髓过氧化物酶在脉红螺幼体变态后表达量也存在升高的现象，α-2-巨球蛋白是一种选择性蛋白酶抑制剂，是先天免疫系统的主要成分（Wong and Dessen，2014）；髓过氧化物酶在中性粒细胞中高度表达，它可产生抗微生物的次卤酸（Klebanoff，2005）。这些现象均表明在变态后其免疫系统更为成熟。

4. 特定组织发育

组织特异性差异蛋白往往能反映这些组织的生理变化（Huan et al.，2015）。例如，原肌球蛋白和肌球蛋白表达丰度的变化与红鲍（*H. rufescens*）变态期间的肌肉发育密切相关（Degnan et al.，1995）。在本研究中，脉红螺 4 螺层幼体和稚螺表现出神经元特异性蛋白质和肌肉特异性蛋白质的差异表达，包括肌球蛋白重链、肌球蛋白轻链和神经胶质蛋白。而这些蛋白质在软体动物变态过程中与神经和肌肉系统的重塑密切相关（Degnan et al.，1995）。

如前述分析中提到的，脉红螺幼体变态后微管蛋白表达量发生下调。微管蛋白和筑基蛋白、动力蛋白重链、动力蛋白 β 链一样，都属于纤毛特异性的蛋白，都在变态后发生下调。脉红螺幼体变态后，与纤毛运动相关的纤维结构蛋白的表达量骤减，这与变态过程中面盘（浮游幼体最重要的且富含纤毛的摄食运动器官）退化特征相符合（表 5-15）。

表 5-15 脉红螺变态的差异蛋白分类结果（部分）

蛋白 ID	差异倍数	p 值	注释信息	注释物种	说明
细胞骨架与细胞粘连					
c111395_g1	0.49	8.22×10^{-3}	Paramyosin	*Mytilus galloprovincialis*	细胞骨架组分
c119060_g1	1.01	6.45×10^{-5}	Paramyosin	*Mytilus galloprovincialis*	细胞骨架组分
c67246_g1	0.80	1.29×10^{-3}	Paramyosin	*Mytilus galloprovincialis*	细胞骨架组分
c128871_g1	0.30	3.16×10^{-2}	Tropomyosin-2	*Biomphalaria glabrata*	细胞骨架组分
c128871_g1	0.30	3.16×10^{-2}	Tropomyosin-2	*Biomphalaria glabrata*	细胞骨架组分
c64757_g1	1.42	1.03×10^{-4}	Tubulin α chain	*Plasmodium falciparum*	细胞骨架组分
c144449_g1	−0.63	1.02×10^{-2}	Tubulin α-1 chain	*Paracentrotus lividus*	细胞骨架组分
c19674_g1	−0.46	1.08×10^{-2}	Tubulin α-2 chain	*Gossypium hirsutum*	细胞骨架组分
c65878_g1	0.60	5.21×10^{-3}	Tubulin α-8 chain（Fragment）	*Gallus gallus*	细胞骨架组分
c129550_g1	−0.52	2.78×10^{-2}	Tubulin β chain（Fragment）	*Haliotis discus*	细胞骨架组分
c52663_g1	−0.59	3.64×10^{-3}	Tubulin β-2 chain	*Drosophila melanogaster*	细胞骨架组分

续表

蛋白 ID	差异倍数	p 值	注释信息	注释物种	说明
c91498_g1	−0.52	1.39×10^{-3}	Tubulin β-4B chain	*Mesocricetus auratus*	细胞骨架组分
c154903_g1	−0.46	2.80×10^{-4}	Collagen α-1（ⅩⅤ）chain	*Homo sapiens*	细胞外基质
c136294_g1	−1.19	5.14×10^{-3}	Collagen α-1（ⅩⅪ）chain	*Xenopus laevis*	细胞外基质
c156326_g1	−1.23	1.42×10^{-4}	Collagen α-1（ⅩⅫ）chain	*Homo sapiens*	细胞外基质
c155801_g1	−0.56	1.18×10^{-3}	Collagen α-4（Ⅵ）chain	*Crassostrea gigas*	细胞外基质
c156014_g6	−0.85	1.72×10^{-2}	Collagen α-5（Ⅵ）chain	*Crassostrea gigas*	细胞外基质
c154603_g1	−0.91	2.20×10^{-4}	Collagen α-6（Ⅵ）chain	*Homo sapiens*	细胞外基质
c156014_g2	−1.06	9.95×10^{-6}	Collagen α-6（Ⅵ）chain	*Homo sapiens*	细胞外基质
c169434_g1	0.81	1.38×10^{-2}	Extracellular matrix protein 3	*Lytechinus variegatus*	细胞外基质
c215931_g1	0.87	2.65×10^{-2}	FRAS1-related extracellular matrix protein 2	*Homo sapiens*	细胞外基质
c157006_g5	−0.61	2.06×10^{-2}	Laminin subunit alpha-2	*Mus musculus*	细胞外基质
c155563_g1	−0.87	2.04×10^{-4}	Laminin-like protein epi-1	*Crassostrea gigas*	细胞外基质
c154307_g2	−0.79	4.65×10^{-2}	Matrix metalloproteinase-19	*Homo sapiens*	细胞外基质
c147589_g2	−0.89	1.45×10^{-2}	Cadherin-89D	*Drosophila melanogaster*	与黏附相关
c149462_g1	0.42	9.10×10^{-3}	Kinectin	*Mus musculus*	与黏附相关
c104353_g1	−0.55	2.02×10^{-2}	Lactadherin	*Rattus norvegicus*	与黏附相关
c156870_g1	0.64	8.39×10^{-4}	Macrophage mannose receptor 1	*Homo sapiens*	与黏附相关
c156842_g1	−0.36	1.64×10^{-3}	Neural cell adhesion molecule 1	*Bos taurus*	与黏附相关
c151606_g1	−0.40	6.31×10^{-3}	Neural cell adhesion molecule 1	*Rattus norvegicus*	与黏附相关
c136200_g1	−0.31	2.49×10^{-2}	Neuroglian	*Drosophila melanogaster*	与黏附相关
c154303_g4	0.68	2.35×10^{-2}	Non-neuronal cytoplasmic intermediate filament protein	*Helix aspersa*	与黏附相关
c135777_g1	−1.18	5.99×10^{-5}	Periostin	*Mus musculus*	与黏附相关
c157397_g1	−1.38	1.25×10^{-5}	Protocadherin Fat 4	*Homo sapiens*	与黏附相关
c142570_g1	−1.11	2.18×10^{-4}	Protocadherin-like wing polarity protein stan	*Drosophila melanogaster*	与黏附相关
摄食与消化					
c128401_g2	−0.78	2.31×10^{-2}	Beta-galactosidase-1-like protein 2	*Homo sapiens*	与碳水化合物水解相关
c135558_g1	−1.78	1.09×10^{-3}	Endo-1, 4-β-xylanase Z	*Clostridium thermocellum*	与碳水化合物水解相关
c96519_g1	−1.58	5.17×10^{-3}	Endoglucanase	*Mytilus edulis*	与碳水化合物水解相关
c137870_g1	−1.17	1.63×10^{-3}	Endoglucanase E-4	*Thermobifida fusca*	与碳水化合物水解相关
c154739_g1	−0.98	7.49×10^{-4}	Endoglucanase E-4	*Thermobifida fusca*	与碳水化合物水解相关
c150903_g1	−1.78	1.09×10^{-3}	Exoglucanase XynX	*Clostridium thermocellum*	与碳水化合物水解相关
c145604_g1	1.18	6.57×10^{-5}	Inactive pancreatic lipase-related protein 1	*Rattus norvegicus*	与脂肪水解相关
c71768_g2	2.20	5.20×10^{-7}	Pancreatic triacylglycerol lipase	*Myocastor coypus*	与脂肪水解相关
c141966_g1	1.21	2.76×10^{-3}	Chymotrypsin-like elastase family member 3B	*Mus musculus*	与蛋白质水解相关
c140662_g1	0.74	3.47×10^{-3}	Chymotrypsin-like serine proteinase	*Haliotis rufescens*	与蛋白质水解相关
c141241_g2	0.33	2.94×10^{-2}	Glutamate carboxypeptidase 2	*Rattus norvegicus*	与蛋白质水解相关
c150838_g1	1.44	4.46×10^{-5}	Prolyl endopeptidase	*Mus musculus*	与蛋白质水解相关
c153823_g1	0.43	3.91×10^{-3}	Trypsin	*Sus scrofa*	与蛋白质水解相关
c149315_g1	1.96	4.51×10^{-4}	Zinc carboxypeptidase A 1	*Anopheles gambiae*	与蛋白质水解相关

续表

蛋白 ID	差异倍数	p 值	注释信息	注释物种	说明
c150282_g1	2.22	2.11×10^{-4}	Zinc metalloproteinase nas-13	*Caenorhabditis elegans*	与蛋白质水解相关
c146629_g1	1.74	3.63×10^{-4}	Zinc metalloproteinase nas-14	*Caenorhabditis elegans*	与蛋白质水解相关
c149138_g1	−0.45	3.15×10^{-3}	Zinc metalloproteinase nas-30	*Caenorhabditis elegans*	与蛋白质水解相关
c128907_g1	1.87	1.72×10^{-3}	Zinc metalloproteinase nas-38	*Caenorhabditis elegans*	与蛋白质水解相关
c153700_g1	1.79	1.27×10^{-4}	Zinc metalloproteinase nas-6	*Caenorhabditis elegans*	与蛋白质水解相关
c156669_g2	2.30	3.77×10^{-5}	Zinc metalloproteinase nas-8	*Caenorhabditis elegans*	与蛋白质水解相关
c131553_g1	0.83	4.63×10^{-3}	Conotoxin Cl14.12	*Conus californicus*	与用于捕食的毒液分泌相关
c147316_g1	1.33	9.47×10^{-4}	Cysteine-rich venom protein	*Conus textile*	与用于捕食的毒液分泌相关
c143655_g1	2.27	2.96×10^{-4}	Cysteine-rich venom protein Mr30	*Conus marmoreus*	与用于捕食的毒液分泌相关
压力应激与免疫					
c122242_g1	1.59	1.84×10^{-4}	Myeloperoxidase	*Mus musculus*	抗氧化蛋白
c88819_g1	1.68	1.13×10^{-3}	Peroxidase-like protein 3（Fragment）	*Lottia gigantea*	抗氧化蛋白
c156674_g2	0.49	1.21×10^{-2}	Peroxidasin homolog	*Mus musculus*	抗氧化蛋白
c140657_g1	−0.38	1.54×10^{-2}	Peroxiredoxin-2	*Rattus norvegicus*	抗氧化蛋白
c142245_g1	−0.37	1.23×10^{-2}	Peroxiredoxin-6	*Gallus gallus*	抗氧化蛋白
c156482_g1	0.30	1.01×10^{-2}	Probable deferrochelatase/peroxidase YfeX	*Escherichia coli*	抗氧化蛋白
c130129_g1	−0.69	3.65×10^{-3}	Thioredoxin-T	*Drosophila melanogaster*	抗氧化蛋白
c152296_g4	−0.85	1.93×10^{-3}	Angiotensin-converting enzyme（Fragment）	*Gallus gallus*	免疫相关蛋白
c154571_g1	−2.22	1.81×10^{-3}	Uncharacterized protein C1orf194 homolog	*Danio rerio*	免疫相关蛋白
c120194_g1	2.15	5.35×10^{-5}	Hemocyanin A-type，units Ode to Odg（Fragment）	*Enteroctopus dofleini*	氧气供应免疫相关蛋白
c147531_g1	2.31	2.43×10^{-5}	Hemocyanin A-type，units Ode to Odg（Fragment）	*Enteroctopus dofleini*	氧气供应免疫相关蛋白
c153812_g1	2.41	2.00×10^{-4}	Hemocyanin G-type，units Oda to Odg	*Enteroctopus dofleini*	氧气供应免疫相关蛋白
c146636_g1	2.42	1.95×10^{-4}	Hemocyanin G-type，units Oda to Odg	*Enteroctopus dofleini*	氧气供应免疫相关蛋白
c156294_g1	2.43	7.60×10^{-5}	Hemocyanin G-type，units Oda to Odg	*Enteroctopus dofleini*	氧气供应免疫相关蛋白
c153794_g2	1.02	1.50×10^{-3}	Alpha-2-macroglobulin	*Pongo abelii*	蛋白质水解、免疫相关蛋白
c155750_g1	0.45	5.33×10^{-5}	60kDa heat shock protein, mitochondrial	*Cricetulus griseus*	应激反应
c155284_g2	0.42	7.02×10^{-3}	Heat shock protein 75kDa, mitochondrial	*Mus musculus*	应激反应
特殊器官发育与发生					
c157271_g1	−0.73	2.29×10^{-2}	Dynein heavy chain 10, axonemal	*Strongylocentrotus purpuratus*	纤毛特异性蛋白
c156807_g2	−0.76	1.09×10^{-2}	Dynein heavy chain 12, axonemal	*Xenopus laevis*	纤毛特异性蛋白
c123013_g1	−0.56	3.64×10^{-2}	Dynein heavy chain 5, axonemal	*Bos taurus*	纤毛特异性蛋白
c155384_g3	−0.64	2.82×10^{-3}	Dynein heavy chain 6, axonemal	*Rattus norvegicus*	纤毛特异性蛋白

续表

蛋白 ID	差异倍数	p 值	注释信息	注释物种	说明
c154803_g2	−0.76	4.90×10^{-3}	Dynein heavy chain 7, axonemal	*Homo sapiens*	纤毛特异性蛋白
c157287_g2	−0.79	2.31×10^{-4}	Dynein heavy chain 8, axonema	*Mus musculus*	纤毛特异性蛋白
c154991_g1	−1.02	5.78×10^{-4}	Dynein intermediate chain 2, ciliary	*Heliocidaris crassispina*	纤毛特异性蛋白
c122667_g1	−0.87	1.98×10^{-3}	Dynein light chain 1, axonemal	*Homo sapiens*	纤毛特异性蛋白
c156053_g3	0.89	2.24×10^{-3}	Myosin essential light chain, striated adductor muscle	*Homo sapiens*	纤毛特异性蛋白
c85433_g2	0.89	8.64×10^{-4}	Myosin heavy chain, striated muscle	*Homo sapiens*	纤毛特异性蛋白
c151606_g1	−0.40	6.31×10^{-3}	Neural cell adhesion molecule 1	*Homo sapiens*	纤毛特异性蛋白
c136200_g1	−0.31	2.49×10^{-2}	Neuroglian	*Homo sapiens*	纤毛特异性蛋白
c150230_g2	−1.42	7.67×10^{-6}	Tektin-1	*Homo sapiens*	纤毛特异性蛋白
c153806_g1	−1.58	2.39×10^{-4}	Tektin-2	*Homo sapiens*	纤毛特异性蛋白
c155866_g1	−1.30	2.54×10^{-4}	Tektin-3	*Rattus norvegicus*	纤毛特异性蛋白
c28062_g1	−0.89	1.80×10^{-4}	Tektin-4	*Tripneustes gratilla*	纤毛特异性蛋白
c153806_g3	−1.19	1.10×10^{-4}	Tektin-B1	*Heliocidaris crassispina*	纤毛特异性蛋白
c131813_g1	−1.08	1.05×10^{-2}	Dynein beta chain, ciliary	*Argopecten irradians*	肌肉特异性蛋白
c95355_g1	−0.93	4.43×10^{-3}	Dynein beta chain, ciliary	*Argopecten irradians*	肌肉特异性蛋白
c157057_g1	−0.68	1.06×10^{-2}	Dynein heavy chain 1, axonemal	*Drosophila melanogaster*	神经元特异性蛋白
c155993_g1	−0.64	4.95×10^{-3}	Dynein heavy chain 10, axonemal	*Rattus norvegicus*	神经元特异性蛋白

四、脉红螺附着变态过程中代谢组响应特征

（一）代谢物鉴定

对 QC（质控）样本的 GC-MS 总离子流图（TIC）进行重叠，检测该分析方法的稳定性与重复性。结果如图 5-12 所示，质控样本的质谱峰的相应强度和保留时间的重复性都很好，说明整个分析方法是稳定可靠的（包括前处理方法和仪器分析系统的稳定性与可重复性）。同时分别展示 4 螺层幼体和稚螺样本中的典型 TIC 图各一张（图 5-13，图 5-14），其质谱峰的差异说明了代谢产物的差异。

利用 GC-MS 检测了具有变态能力的 4 螺层幼体和稚螺的代谢特征，并叠加了 QC 样品的总离子色谱图，以评估 GC-MS 分析的重复性。使用 ChromaTOF 从 GC-MS 分析中检测到 530 个峰，从中去除了内标、伪正峰和冗余，并对数据集进行评估。共检测到 263 种代谢物。

对脉红螺变态前后的样本进行 PCA 分析，结果如图 5-15 所示，PCA 的 R^2X 和 Q^2 值分别为 0.55 和 0.318，说明该 PCA 降维对样品具有较好的预测能力和解

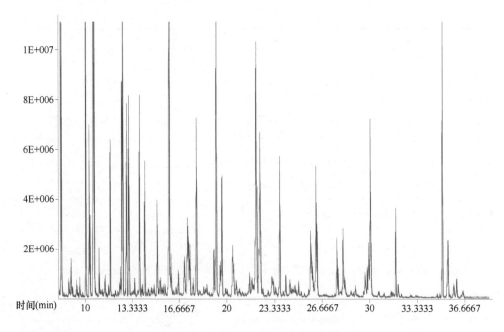

图 5-12　重叠后的 QC 样本的总离子流图（TIC）

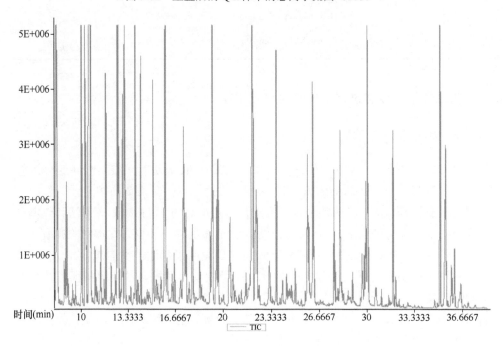

图 5-13　4 螺层幼体样本 GC-MS 总离子流图

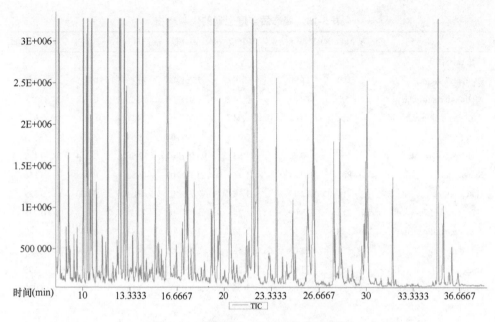

图 5-14　稚螺样本 GC-MS 总离子流图

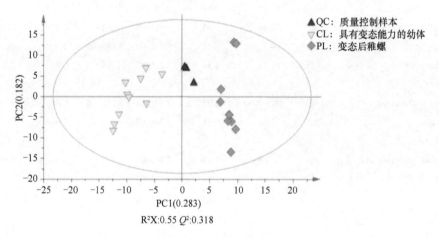

图 5-15　4 螺层幼体与稚螺代谢谱的 PCA 分析

释能力。所有样本都在 Hotelling's T2 检验的 95% 置信区间内，且变态前 4 螺层样品与变态后稚螺样品在 PC1 维度上区分明显，说明这两个发育阶段具有差异性。

（二）差异代谢物分析

共检测到 263 种代谢物，其中 53 种代谢物在 4 螺层幼体和稚螺体内浓度显著不同。在 53 种浓度差异显著的代谢物中，其中有 29 种在变态后幼体中浓度较高（表 5-16），其他 24 种在具有变态能力的幼体中浓度较高（表 5-17）。

表 5-16　变态后丰度上调的代谢产物

代谢产物	Mass	RT（min）	VIP 值	p 值	FC	Avg.（CL）	Avg.（PL）
氨基酸代谢							
Cysteinylglycine	199	11.90	2.19	7.76E-06	45.61	0.015	0.667
Methionine sulfoxide	58	19.82	2.24	1.01E-04	41.27	0.313	12.925
2,6-Diaminopimelic acid	200	14.87	1.94	2.67E-04	14.20	0.0489	0.694
O-acetylserine	188	26.21	2.06	5.74E-04	8.68	2.169	18.830
3-Hydroxypyruvate	166	10.59	1.55	3.99E-03	9.66	0.014	0.132
Synephrine	267	10.84	1.71	4.18E-03	6.82	0.038	0.256
Halostachine	116	12.19	1.40	7.73E-03	5.37E+05	0.000	0.537
5-Hydroxyindole-3-acetic acid	218	15.00	1.38	1.43E-02	21.74	0.011	0.238
N-carbamylglutamate	188	18.92	1.20	1.77E-02	8.84	0.134	1.180
Histidine	154	22.08	1.46	2.86E-02	7.33	6.209	45.511
Urea	189	12.07	1.24	3.25E-02	3.05	0.852	2.595
Dehydroascorbic acid	58	10.68	1.06	4.93E-02	3.15	2.536	7.992
脂类代谢							
15-Keto-prostaglandin f2 alpha	103	25.86	1.86	1.75E-03	12.35	0.406	5.018
Phytosphingosine	204	15.26	1.81	2.78E-03	5.50	0.204	1.125
2,2-Dimethylsuccinic acid	57	30.94	1.65	6.01E-03	6.45	0.250	1.612
Androstanediol	91	34.42	1.41	7.84E-03	3.58E+05	0.000	0.358
Octadecanol	327	25.14	1.34	1.75E-02	6.89	0.050	0.343
碳水化合物代谢							
2-Deoxy-D-glucose	58	21.09	2.05	2.35E-04	3.17E+06	0.000	3.166
Fructose	103	21.57	1.65	3.70E-03	7.87	3.364	26.488
核酸代谢							
6-Hydroxynicotinic acid	180	25.06	2.13	3.79E-05	15.68	0.051	0.807
Uric acid	172	24.81	1.29	1.46E-02	10.67	0.187	1.999
Uridine	217	28.29	1.13	2.51E-02	6.91	1.287	8.894
其他							
Quinoline-4-carboxylic acid	84	10.94	1.02	4.47E-10	7.67	48.596	372.854
Glutaraldehyde	173	9.72	1.99	1.14E-05	1.05E+05	0.000	0.105
Anandamide	57	8.25	2.56	1.20E-05	1.28E+08	0.000	127.716
Formononetin	325	23.79	1.90	2.33E-04	6.25E+05	0.000	0.625
2-Butyne-1,4-diol	58	15.44	1.95	1.77E-03	2.17E+07	0.000	21.653
Vanillin	253	8.54	1.23	7.89E-03	4.14E+04	0.000	0.041
4-Vinylphenol dimer	61	11.09	1.06	2.37E-02	8.08	0.581	4.700

注：Mass 为通过质谱定量测量中碎片离子的质量值；RT 为代谢物的保留时间；VIP 值为变量权重重要性排序，是有监督的分析方法中评价变量贡献的值，一般来说 VIP＞1 的变量具有统计学意义；FC 为差异倍数；Avg.（CL）和 Avg.（PL）分别代表在 4 螺层幼体和稚螺中的平均浓度值

表 5-17　变态后丰度下调的代谢产物

代谢产物	Mass	RT（min）	VIP 值	p 值	FC	Avg.（CL）	Avg.（PL）
氨基酸代谢							
L-homoserine	146	12.84	2.87	1.98E-31	7.70E+06	7.695	0.000
Sarcosine	116	10.52	1.38	3.06E-15	35.46	4565.764	128.767
3-Hydroxyanthranilic acid	220	12.41	2.00	3.71E-05	4.71	0.139	0.030
S-carboxymethylcysteine	58	16.23	1.32	2.02E-02	3.23	0.323	0.100
Oxoproline	156	22.90	1.30	2.80E-02	1.97	0.507	0.257
8-Aminocaprylic acid	67	28.82	1.24	4.91E-02	1.97	1.612	0.817
脂类代谢							
cis-1,2-dihydronaphthalene-1,2-diol	191	8.51	2.59	7.99E-30	4.21E+05	0.421	0.000
Adrenosterone	90	10.91	2.65	6.56E-26	7.69E+05	0.769	0.000
2-Hydroxyvaleric acid	81	21.15	1.65	1.75E-03	2.79E+05	0.279	0.000
6-Phosphogluconic acid	299	28.36	1.66	1.75E-03	1.98E+05	0.198	0.000
D-erythronolactone	217	22.84	1.60	5.81E-03	3.41	2.462	0.727
3,7,12-Trihydroxycoprostane	267	35.62	1.28	1.49E-02	2.70	0.204	0.076
Stigmasterol	97	33.61	1.48	2.14E-02	3.48	0.254	0.073
碳水化合物代谢							
Ribulose-5-phosphate	299	25.08	2.66	4.20E-24	9.37E+05	0.937	0.000
Maltotriose	204	31.75	2.76	3.93E-22	3.17E+06	3.168	0.000
Glucose-6-phosphate	299	27.69	2.00	8.61E-05	9.50	1.556	0.164
Cellobiose	204	32.24	1.76	1.81E-03	7.50	2.513	0.335
Maltose	231	32.00	1.06	3.10E-02	4.23	1.143	0.270
其他							
Tetracosane	73	25.54	2.43	4.86E-06	11.30	5.223	0.462
trans-2-hydroxycinnamic acid	299	27.25	2.02	1.75E-05	15.37	0.112	0.007
Methylmalonic acid	180	10.41	1.71	3.61E-04	22.34	0.045	0.002
m-cresol	165	10.72	1.55	1.75E-03	1.12E+05	0.112	0.000
Oxalic acid	175	16.22	1.57	6.26E-03	1.60	0.562	0.350
3-Indoleacetonitrile	215	10.69	1.52	7.70E-03	1.56E+05	0.156	0.000

注：Mass 为通过质谱定量测量中碎片离子的质量值；RT 为代谢物的保留时间；VIP 值为变量权重重要性排序，是有监督的分析方法中评价变量贡献的值，一般来说 VIP>1 的变量具有统计学意义；FC 为差异倍数；Avg.（CL）和 Avg.（PL）分别代表在 4 螺层幼体和稚螺中的平均浓度值

在变态后幼体中浓度较高的 29 种代谢物中，喹啉-4-羧酸的浓度最高（4.47E-10）。据报道，4-羧酸及其衍生物是新的免疫抑制剂，广泛用于各种医药制备，如抗真菌剂、抗药物耐药细菌剂、抗氧化剂、抗结核剂和抗癌剂（Asahina and Takei，2012；Chatterjee et al.，2014；Bhatt et al.，2015）。根据本研究结果推测，

喹啉-4-羧酸于后期幼体阶段在免疫系统中起重要作用。因为，有研究表明，海洋无脊椎动物在变态发育后免疫系统更成熟，免疫应答更强，如海鞘（*Boltenia villosa*）（Davidson and Swalla，2002）和贻贝（*M. galloprovincialis*）（Balseiro et al.，2013）。另外，在本章研究中检测到由半胱氨酸和甘氨酸组成的二肽半胱氨酰甘氨酸在变态后浓度增加了 45 倍。它源自谷胱甘肽的不完全分解代谢，并被认为是细胞外抗氧化防御系统的重要组成部分（Ueland，1996）。因此，该代谢物在脉红螺变态后的增加也进一步说明了脉红螺变态后免疫系统的进一步成熟。

此外，在具有变态能力的脉红螺 4 螺层幼体中检测到阿那啶的浓度非常低，然而在稚螺中其浓度显著提高（表 5-16）。阿那啶作为一种有效的内源性大麻素受体激动剂，已经在很多软体动物中被检测到，如海兔（*Aplysia californica*）（Di Marzo et al.，1999）、某种蛤类（*Tapes decussatus*）、牡蛎 *Crassostrea* sp.和贻贝（Sepe et al.，1998）。此外，阿那啶及其受体（CB1 受体）主要存在于软体动物的神经节中（Di Marzo et al.，1999）。已经有报道指出，CB1 受体的激活与贻贝中一氧化氮（NO）产生相偶合（Stefano et al.，1996），可以抑制突触前多巴胺的释放（Stefano et al.，1997）。研究表明，NO 和多巴胺在许多软体动物变态的调控中是非常关键的因子（Ueda and Degnan，2013，2014；Bonar et al.，1990；Leise et al.，2001）。在红贺复海鞘（*Herdmania momus*）中发现，NO 是一种有效的变态正向调节因子（Ueda and Degnan，2013）。阿那啶对软体动物变态发育的影响值得进一步深入研究。

脉红螺变态后共有 24 种代谢物发生显著的下调，如表 5-17 所示。通过这些差异代谢物的功能信息发现，在脉红螺幼体变态之前，能量储存非常旺盛，这主要是为变态过程做准备。在变态前幼体体内含量较高的 24 种代谢物中，麦芽三糖、葡糖-6-磷酸、纤维二糖和麦芽糖等储能物质的含量显著高于变态后稚螺（表 5-16）。我们推测，这些寡糖可能富集在消化道中，因为脉红螺幼体变态前会摄入大量的微藻。在软体动物变态过程中，幼体必须经历剧烈的形态生理变化，包括面盘的退化、口和足的重新定位与生长，以及次生壳和鳃的生长（Videla et al.，1998；Leise et al.，2009）。这些形态变化需要大量的能量，而幼体在变态过程中不能进食，所以需要储存大量的能量。例如，在智利牡蛎（*Ostrea chilensis*）中，变态前幼体储备的 64.5%的能量会在变态过程中被消耗（Videla et al.，1998）。

本研究还发现了一些关键代谢物在脉红螺变态过程中发生了下调。在变态前幼体中检测到高浓度的高丝氨酸和肾上腺素，但在变态后几乎不存在。高丝氨酸是丝氨酸的一种化学性质更活泼的变体，也是甲硫氨酸、苏氨酸和异亮氨酸生物合成中的中间体。肾上腺素是一种具有较弱的雄激素作用的类固醇激素（Blasco et al.，2009）。此外，肌氨酸的丰度在变态后大幅下降至原来的 3%，肌氨酸是在肌肉和其他身体组织中发现的天然氨基酸，并且在胆碱对甘氨酸的代谢中起作用。但是这些关键代谢物在软体动物发育中的作用机制还不清楚，有待进一步研究。

对脉红螺变态前后的差异代谢物进行 KEGG 通路富集分析，如图 5-16 所示，发现有 KEGG 五条通路在变态过程中可能发生显著改变（$P<0.05$）。ABC 转运途径是最显著富集的（$P=0.00268$），其次是甘氨酸、丝氨酸和苏氨酸的代谢途径（$P=0.00397$），淀粉和蔗糖代谢途径（$P=0.00420$），嘧啶代谢途径（$P=0.00670$），以及乙醛酸和二羧酸盐代谢途径（$P=0.03420$）。ABC 转运蛋白，也称 ATP 结合盒转运蛋白，是在原核生物和真核生物中发现的含量最大、分布最广泛的蛋白质家族之一。这些转运蛋白与 ATP 水解偶联以实现各种底物的转运（Higgins，2001）。在 ABC 转运途径中，寡糖、多元醇和脂质转运过程发生显著下调，主要是由于麦芽糖/麦芽糖糊精、半乳糖低聚物/麦芽低聚糖、棉子糖/水苏糖/蜜二糖、葡糖苷、海藻糖/麦芽糖和纤维二糖转运等过程发生下调。相反，尿素转运途径则发生了显著上调。因此，初步推测寡糖主要富集在以微藻为食的 4 螺层幼体的消化道中，用于变态的储能，其在幼体变态后发生下调。

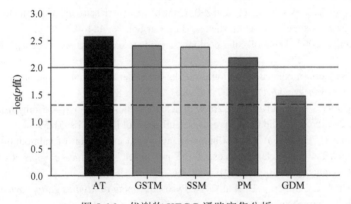

图 5-16 代谢物 KEGG 通路富集分析

横轴为富集途径的首字母缩略词，纵轴为途径富集的显著性水平。AT. ABC 转运蛋白；GSTM. 甘氨酸、丝氨酸和苏氨酸代谢；SSM. 淀粉和蔗糖代谢；PM. 嘧啶代谢；GDM. 乙醛酸和二羧酸代谢。实线以上表示 $P<0.01$，虚线以上表示 $P<0.05$

总而言之，共计 70 877 条 Unigene 的成功注释为今后脉红螺分子生物学研究奠定了坚实的基础。这些候选基因在脉红螺变态发育过程中的潜在作用和表达模式还需要进一步研究。

主要参考文献

潘洋, 邱天龙, 张涛, 等. 2013. 脉红螺早期发育的形态观察. 水产学报, 37(10): 1503-1512.

Altincicek B. Vilcinskas A. 2008. Identification of a lepidopteran matrix metalloproteinase with dual roles in metamorphosis and innate immunity. Dev Comp Immunol, 32: 400-409.

Andersen J R, Lübberstedt T. 2003. Functional markers in plants. Trends Plant Sci, 8: 554-560.

Asahina Y, Takei M. 2012. 7-(4-substituted-3-cyclopropylaminomethyl-1-pyrrolidinyl) quinolonecarboxylic acid derivative. EP, US8106072.

Bai R, You W, Chen J, et al. 2012. Molecular cloning and expression analysis of GABA A receptor-associated protein (GABARAP) from small abalone, *Haliotis diversicolor*. Fish Shellfish Immunol, 33: 675-682.

Balseiro P, Moreira R, Chamorro R, et al. 2013. Immune responses during the larval stages of *Mytilus galloprovincialis*: metamorphosis alters immunocompetence, body shape and behavior. Fish Shellfish Immunol, 35(2): 438-447.

Bhatt H G, Agrawal Y K, Patel M J. 2015. Amino-and fluoro-substituted quinoline-4-carboxylic acid derivatives: MWI synthesis, cytotoxic activity, apoptotic DNA fragmentation and molecular docking studies. Med Chem Res, 24: 1662-1671.

Blake J A, Woodwick K H. 1975. Reproduction and larval development of *Pseudopolydora paucibranchiata* (Okuda) and *Pseudopolydora kempi* (Southern) (Polychaeta: Spionidae). Biol Bull, 149: 109-127.

Blasco M, Carriquiriborde P, Marino D, et al. 2009. A quantitative HPLC-MS method for the simultaneous determination of testosterone, 11-ketotestosterone and 11-β hydroxyandrostenedione in fish serum. J Chromatogr B, 877: 1509-1515.

Bonar D B, Coon S L, Walch M, et al. 1990. Control of oyster settlement and metamorphosis by endogenous and exogenous chemical cues. Bull Mar Sci, 46: 484-498.

Bouck A, Vision T. 2007. The molecular ecologist's guide to expressed sequence tags. Mol Ecol, 16: 907-924.

Burke R D. 1985 Actin-mediated retraction of the larval epidermis during metamorphosis of the sand dollar, *Dendraster excentricus*. Cell Tissue Res, 239(3): 589-597.

Chatterjee A, Cutler S J, Khan I A, et al. 2014. Efficient synthesis of 4-oxo-4, 5-dihydrothieno [3, 2-c] quinoline-2-carboxylic acid derivatives from aniline. Mol Divers, 18: 51-59.

Chen Z F, Wang H, Qian P Y. 2012. Characterization and expression of calmodulin gene during larval settlement and metamorphosis of the polychaete *Hydroides elegans*. Comp Biochem Physiol B Biochem Mol Biol, 162(4): 113-119.

Craft J A, Gilbert J A, Temperton B, et al. 2010. Pyrosequencing of *Mytilus galloprovincialis* cDNAs: tissue-specific expression patterns. PLoS One, 5: e8875.

Davidson B, Swalla B J. 2002. A molecular analysis of ascidian metamorphosis reveals activation of an innate immune response. Development, 129(20): 4739-4751.

Degnan B M, Groppe J C, Morse D E. 1995. Chymotrypsin mRNA expression in digestive gland amoebocytes: cell specification occurs prior to metamorphosis and gut morphogenesis in the gastropod, *Haliotis rufescens*. Dev Genes Evol, 205: 97-101.

Di Marzo V, De Petrocellis L, Bisogno T, et al. 1999. Metabolism of anandamide and 2-arachidonoylglycerol: an historical overview and some recent developments. Lipids, 34: S319-S325.

Dolashka P, Moshtanska V, Borisova V, et al. 2011. Antimicrobial proline-rich peptides from the hemolymph of marine snail *Rapana venosa*. Peptides, 32: 1477-1483.

Fang Z, Yan Z, Li S, et al. 2008. Localization of calmodulin and calmodulin-like protein and their functions in biomineralization in *P. fucata*. Prog Nat Sci, 18(4): 405-412.

Filla A, Hiripi L, Elekes K. 2004. Serotonergic and dopaminergic influence of the duration of embryogenesis and intracapsular locomotion of *Lymnaea stagnalis* L. Acta Biol Hung, 55: 315-321.

Franchini P, van der Merwe M, Roodt-Wilding R. 2011. Generation and analysis of a 29, 745 unique expressed sequence tags from the Pacific oyster (*Crassostrea gigas*) assembled into a publicly accessible database: the Gigas Database. BMC Genomics, 10: 341.

Froggett S J, Leise E M. 1999. Metamorphosis in the marine snail *Ilyanassa obsoleta*, YES or NO? Biol Bull, 196(1): 57-62.

Fujimoto K, Nakajima K, Yaoita Y. 2007. Expression of matrix metalloproteinase genes in regressing or remodeling organs during amphibian metamorphosis. Dev Growth Differ, 49: 131-143.

Gifondorwa D J, Leise E M. 2006. Programmed cell death in the apical ganglion during larval metamorphosis of the marine mollusk *Ilyanassa obsoleta*. Biol Bull, 210(2): 109-120.

Glebov K, Voronezhskaya E E, Khabarova M Y, et al. 2014. Mechanisms underlying dual effects of serotonin during development of *Helisoma trivolvis* (Mollusca). BMC Dev Biol, 14: 14.

Hadfield M G, Meleshkevitch E A, Boudko D Y. 2000. The apical sensory organ of a gastropod veliger is a receptor for settlement cues. Biol Bull, 198: 67-76.

Hammond J W, Cai D, Verhey K J. 2008. Tubulin modifications and their cellular functions. Curr Opin Cell Biol, 20: 71-76.

Han G D, Yang B Y, Qin J, et al. 2012. Prokaryotic expression and mRNA expression analysis of epidermal growth factor receptor during attachment and metamorphosis from *Crassostrea gigas angulata*. J Xiamen Univ, 51: 263-267.

Hartl F U, Martin J, Neupert W. 1992. Protein folding in the cell: the role of molecular chaperones *Hsp*70 and *Hsp*60. Annu Rev Biophys Biomol Struct, 21: 293-322.

He T F, Chen J, Zhang J, et al. 2014. SARP19 and *vdg3* gene families are functionally related during abalone metamorphosis. Dev Genes Evol, 224(4-6): 197-207.

Heyland A, Moroz L L. 2006. Signaling mechanisms underlying metamorphic transitions in animals. Integr Comp Biol, 46: 743-759.

Higgins C F. 2001. ABC transporters: physiology, structure and mechanism–an overview. Res Microbiol, 152: 205-210.

Ho K K Y, Leung P T Y, Ip J C H, et al. 2014. *De novo* transcriptomic profile in the gonadal tissues of the intertidal whelk *Reishia clavigera*. Mar Pollut Bull, 85: 499-504.

Hooper S L, Thuma J B. 2005. Invertebrate muscles: muscle specific genes and proteins. Physiol Rev, 85: 1001-1060.

Hou R, Bao Z, Wang S, et al. 2011. Transcriptome sequencing and *de novo* analysis for Yesso scallop (*Patinopecten yessoensis*) using 454 GS FLX. PLoS One, 6: e21560.

Huan P, Wang H, Liu B. 2012. Transcriptomic analysis of the clam *Meretrix meretrix* on different larval stages. Mar Biotechnol, 14: 69-78.

Huan P, Wang H, Liu B. 2015. A label-free proteomic analysis on competent larvae and juveniles of the pacific oyster *Crassostrea gigas*. PLoS One, 10: 506-509.

Huang Z X, Chen Z S, Ke C H, et al. 2012. Pyrosequencing of *Haliotis diversicolor* transcriptomes: insights into early developmental molluscan gene expression. PLoS One, 7: e51279.

Ikegami K, Heier R L, Taruishi M, et al. 2007. Loss of α-tubulin polyglutamylation in ROSA22 mice is associated with abnormal targeting of KIF1A and modulated synaptic function. Proc Natl Acad Sci USA, 104: 3213-3218.

Inoue M, Sato E F, Nishikawa M, et al. 2004. Free radical theory of apoptosis and metamorphosis. Redox Rep, 9: 238-248.

Jackson D J, Ellemor N, Degnan B M. 2005. Correlating gene expression with larval competence, and the effect of age and parentage on metamorphosis in the tropical abalone *Haliotis asinina*. Mar Biol, 147: 681-697.

Jensen R G. 1983. Detection and determination of lipase (acylglycerol hydrolase) activity from various sources. Lipids, 18: 650-657.

Kamei N, Swanson W J, Glabe C G. 2000. A rapidly diverging EGF protein regulates species-specific signal transduction in early sea urchin development. Dev Biol, 225(2): 267-276.

Kawai R, Kobayashi S, Fujito Y, et al. 2011. Multiple subtypes of serotonin receptors in the feeding circuit of a pond snail. Zool Sci, 28: 517-525.

Klebanoff S J. 2005. Myeloperoxidase: friend and foe. J Leukoc Biol, 77: 598-625.

Lanfranconi A, Hutton M, Brugnoli E, et al. 2009. New record of the alien mollusk *Rapana venosa* (Valenciennes 1846) in the Uruguayan coastal zone of Río de la Plata. Gut, 4(2), 216-221.

Larade K, Storey K B. 2004. Anoxia-induced transcriptional upregulation of sarp-19: cloning and characterization of a novel EF-hand containing gene expressed in hepatopancreas of *Littorina littorea*. Biochem Cell Biol, 82(2): 285-293.

Laudet V, Ueda N, Degnan S M. 2013. Nitric oxide acts as a positive regulator to induce metamorphosis of the ascidian *Herdmania momus*. PLoS One, 8: e72797.

Leise E M, Cahoon L B. 2012. Neurotransmitters, benthic diatoms and metamorphosis a marine snail. *In*: Hämäläinen E, Järvinen S. Snails: Biology Ecology and Conservation. New York: Nova Science Publishers: 1-43.

Leise E M, Froggett S J, Nearhoof J E, et al. 2009. Diatom cultures exhibit differential effects on larval metamorphosis in the marine gastropod *Ilyanassa obsoleta* (Say). J Exp Mar Biol Ecol, 379(1): 51-59.

Leise E M, Thavaradhara K, Durham N R, et al. 2001. Serotonin and nitric oxide regulate metamorphosis in the marine snail *Ilyanassa obsoleta*. Am Zool, 41(2): 258-267.

Leppäkoski E, Gollasch S, Olenin S. 2013. Invasive Aquatic Species of Europe. Distribution, Impacts and Management. New York: Springer Science & Business Media.

Levenson J, Byrne J H, Eskin A. 1999. Levels of serotonin in the hemolymph of aplysia are modulated by light/dark cycles and sensitization training. J Neurosci, 19: 8094-8103.

Lu S, Bao Z, Hu J, et al. 2008. mRNA differential display on gene expression in settlement metamorphosis process of *Ruditapes philippinarum* larvae. High Technol Lett, (3) : 332-336.

Mok F S, Thiyagarajan V, Qian P Y. 2009. Proteomic analysis during larval development and metamorphosis of the spionid polychaete *Pseudopolydora vexillosa*. Proteome Sci, 7: 178-183.

O'Day D H. 2003. CaMBOT: profiling and characterizing calmodulin-binding proteins. Cell Signal, 15(4): 347-354.

Olga A, Lilia Y, Rada S, et al. 2015. Changes in the gene expression profile of the bladder cancer cell lines after treatment with *Helix lucorum* and *Rapana venosa* hemocyanin. J Balk. Union Oncol, 20: 180-187.

Olivera B M, Cruz L J, Gray W R, et al. 1991. Conotoxins. J Biol Chem, 266: 22067-22137.

Olivera B M, Teichert RW. 2007. Diversity of the neurotoxic conus peptides: a model for concerted pharmacological discovery. Mol Interv, 7: 251-260.

Panasophonkul S, Apisawetakan S, Cummins S F, et al. 2009. Molecular characterization and analysis of a truncated serotonin receptor gene expressed in neural and reproductive tissues of abalone. Histochem Cell Biol, 131: 629-642.

Pavlina D, Ludmyla V, Stoyan S, et al. 2010. Glycan structures and antiviral effect of the structural subunit RvH2 of *Rapana* hemocyanin. Carbohydr Res, 345: 2361-2367.

Perrella N N, Cantinha R S, Nakano E, et al. 2015. Characterization of a-L-fucosidase and other digestive hydrolases from *Biomphalaria glabrata*. Acta Trop, 141: 118-127.

Qin J, Huang Z, Chen J, et al. 2012. Sequencing and de novo analysis of *Crassostrea angulata* (Fujian oyster) from 8 different developing phases using 454 GSFlx. PLoS One, 7: e43653.

Quilang J, Wang S, Li P, et al. 2007. Generation and analysis of ESTs from the eastern oyster,

Crassostrea virginica Gmelin and identification of microsatellite and SNP markers. BMC Genomics, 8: 157.

Romero A, Estevez-Calvar N, Dios S, et al. 2011. New insights into the apoptotic process in mollusks: characterization of caspase genes in *Mytilus galloprovincialis*. PLoS One, 6(2): e17003.

Sepe N, De Petrocellies L, Montanaro F, et al. 1998. Bioactive long chain N-acylethanolamines in five species of edible bivalve molluscs: possible implications for mollusc physiology and sea food industry. Biochim Biophys Acta, 1389: 101-111.

Shi YB, Fu L, Hasebe T, et al. 2007. Regulation of extracellular matrix remodeling and cell fate determination by matrix metalloproteinase stromelysin-3 during thyroid hormone-dependent post-embryonic development. Pharmacol Ther, 116: 391-400.

Song H, Yu Z L, Sun L N, et al. 2016. De novo transcriptome sequencing and analysis of *Rapana venosa* from six different developmental stages using Hi-seq 2500. Comp Biochem Phys D, 17: 48-57.

Stefano G B, Liu Y, Goligorsky M S. 1996. Cannabinoid receptors are coupled to nitric oxide release in invertebrate immunocytes, microglia, and human monocytes. J Biol Chem, 271: 19238-19242.

Stefano G B, Salzet B, Rialas C M, et al. 1997. Morphine-and anandamide-stimulated nitric oxide production inhibits presynaptic dopamine release. Brain Res, 763: 63-68.

Strobel A, Hu M Y A, Gutowska M A, et al. 2012. Influence of temperature, hypercapnia, and development on the relative expression of different hemocyanin isoforms in the common cuttlefish sepia officinalis. J Exp Zool Part A, 317: 511-523.

Sun X, Yu H, Yu R, et al. 2014. Characterization of 57 microsatellite loci for *Rapana venosa* using genomic next generation sequencing. Conserv Genet Resour, 6: 941-945.

Teng L, Wada H, Zhang S, 2010. Identification and functional characterization of *legumain* in amphioxus *Branchiostoma belcheri*. Biosci Rep, 30: 177-186.

Terlau H, Olivera B M. 2004. Conus venoms: a rich source of novel ion channel-targeted peptides. Physiol Rev, 84: 41-68.

Timpl R, Brown J C. 1996. Supramolecular assembly of basement membranes. Bioessays, 18: 123-132.

Trapnell C, Williams B A, Pertea G, et al. 2010. Transcript assembly and quantification by RNA-Seq reveals unannotated transcripts and isoform switching during cell differentiation. Nat Biotechnol, 28: 511-515.

Ueda N, Degnan S M. 2013. Nitric oxide acts as a positive regulator to induce metamorphosis of the ascidian Herdmania momus. PLoS One 8: e72797.

Ueda N, Degnan S M. 2014. Nitric oxide is not a negative regulator of metamorphic induction in the abalone *Haliotis asinina*. Front Mar Sci, 1: 21.

Ueland P M. 1996. Reduced, oxidized and protein-bound forms of homocysteine and other aminothiols in plasma comprise the redox thiol status. J Nutr, 126: 1281-1284.

Velkova L, Todorov D, Dimitrov I, et al. 2014. *Rapana venosa* hemocyanin with antiviral activity. Biotechnol Biotechnol Equip, 23: 606-610.

Videla J, Chaparro O, Thompson R, et al. 1998. Role of biochemical energy reserves in the metamorphosis and early juvenile development of the oyster *Ostrea chilensis*. Mar Biol, 132: 635-640.

Visse R, Nagase H. 2003. Matrix metalloproteinases and tissue inhibitors of metalloproteinases structure, function, and biochemistry. Circ Res, 92: 827-839.

Wang M, Yang J, Zhou Z, et al. 2011. A primitive Toll-like receptor signaling pathway in mollusk Zhikong scallop *Chlamys farreri*. Dev Comp Immunol, 35(4): 511-520.

Wei Y, Huang B, Ke C, et al. 2006. Activities of several digestive enzymes of *Babylonia areolate* (Gastropoda: Buccinidae) during early development. J Trop Oceanogr, 26: 55-59.

Wolk K, Grutz G, Witte K, et al. 2005. The expression of *legumain*, an asparaginyl endopeptidase that controls antigen processing, is reduced in endotoxin-tolerant monocytes. Genes Immun, 6: 452-456.

Wong S G, Dessen A. 2014. Structure of a bacterial α2-macroglobulin reveals mimicry of eukaryotic innate immunity. Nat Commun, 5: 4917-4917.

Xu D, Sun L, Liu S, et al. 2015. Histological, ultrastructural and heat shock protein 70 (*HSP*70) responses to heat stress in the sea cucumber *Apostichopus japonicus*. Fish Shellfish Immunol, 45: 321-326.

Yang B, Qin J, Shi B, et al. 2012. Molecular characterization and functional analysis of adrenergic like receptor during larval metamorphosis in *Crassostrea angulata*. Aquaculture, 366-367: 54-61.

Yang D, Zhou Y, Guan Z, et al. 2007. Technique for industrial breeding in *Rapana venosa* Valenciennes. Fish Sci, 4: 012.

Yang Q, Angerer L M, Angerer R C. 1989. Unusual pattern of accumulation of mRNA encoding EGF-related protein in sea urchin embryos. Science, 246(4931): 806-808.

Zhang Y, Sun J, Xiao K, et al. 2010. 2D gel-based multiplexed proteomic analysis during larval development and metamorphosis of the biofouling polychaete tubeworm *Hydroides elegans*. J Proteome Res, 9: 4851-4860.

Zhao Y, Yang H, Storey K B, et al. 2014. Differential gene expression in the respiratory tree of the sea cucumber *Apostichopus japonicas* during aestivation. Mar Genomics, 18: 173-183.

第六章　苗种繁育与增养殖技术

第一节　脉红螺苗种繁育技术规范

一、亲螺

亲螺壳高为 70～100mm。感官要求应符合表 6-1。

表 6-1　亲螺感官要求

项目	要求
形态	符合 DB37/T 2626—2014 中有关脉红螺的特征描述要求
壳面	洁净，光滑，无附着物
健康状况	壳无破损，体质健壮，活力强

为促进亲螺性腺成熟，培育池应采用水泥池或玻璃钢水槽，体积 10～30m³，水深 0.8～1.2m。水源应符合《渔业水质标准》（GB 11607—1989）的规定，培育用水符合《无公害食品　海水养殖用水水质》（NY 5052—2001）的规定。从亲螺所在的生境水温以 0.5～1.0℃ 的幅度逐步调节至 16～25℃。盐度 25～35。光照500～1000lx。培育密度以 10～20 个/m³ 为宜，采用单层浮式网箱为培育容器，或直接放入培育池。

在日常管理方面，投喂贻贝、菲律宾蛤仔、四角蛤、中国蛤蜊等双壳贝类，按照 5～10 个/螺投喂双壳贝类，并根据摄食量和剩余双壳贝类数量进行调整，每日换水 2 次，每次换水 50%。隔天倒池清底一次。连续微量充气。用药和停药期都按照《无公害食品　渔用药物使用准则》（NY 5071—2002）的规定执行。

二、孵化

在幼苗孵化过程中，水源应符合《渔业水质标准》（GB 11607—1989）的规定，培育用水符合《无公害食品　海水养殖用水水质》（NY 5052—2001）的规定。将卵袋从固体附着物上小心取下，放入 20～40 目网袋中进行孵化。以水温保持在20～25℃，盐度 25～35，光照 500～1000lx 为宜。在日常管理方面，每日换水 2 次，每次换水 50%。隔天倒池一次，连续微量充气。

三、幼体培育及采苗

在幼体培育阶段，水源需符合《渔业水质标准》（GB 11607—1989）的规定，培育用水符合《无公害食品　海水养殖用水水质》（NY 5052—2001）的规定。水温以 23～25℃为宜，盐度以 25～35 为宜，光照 500lx 以下。1 螺层幼体密度≤0.3 个/ml，随着幼体生长，培育密度逐步降低，3～4 螺层幼体时≤0.1 个/ml。在日常管理方面，每日投喂金藻、扁藻和小球藻等。前期以金藻为主，后期增加扁藻、小球藻比例。每天投饵 3～4 次，每次投喂 4000～5000cells/ml。每日换水 2 次，每次换水 50%。每 5～7d 倒池一次，每 2～3d 吸底一次，保持连续微量充气。

当幼体壳高达到 1200～1500μm 时开始变态，需投放附着基，通常用表面粗糙的瓦片等作为采苗器。

四、中间培育

中间培育阶段，水源需符合《渔业水质标准》（GB 11607—1989）的规定，培育用水符合《无公害食品　海水养殖用水水质》（NY 5052—2001）的规定。以水温 18～28℃为宜，盐度 25～35 为宜，自然光照即可，密度要求如表 6-2 所示。

表 6-2　稚螺中间培育密度

壳高（mm）	密度（个/m³ 水体）
1.5～5.0	≤20 000
5.0～10.0	≤10 000
10.0～20.0	≤5 000

在日常管理方面，每日正常投喂贻贝、菲律宾蛤仔、四角蛤、中国蛤蜊等双壳贝类的稚贝。每日换水 2 次，每次换水 50%，每 7～10d 倒池一次，连续微量充气。

五、商品苗

当稚螺壳高≥20mm 时即可出池销售。将商品苗从附着基上轻轻剥离，收集。商品苗在外观上需满足体型、体色正常，活力强，规格整齐，对外界刺激反应灵敏等条件。规格合格率≥90%，畸形率和伤残死亡率总和≤5%。运输时，采用塑料泡沫箱包装，箱内铺设吸足海水的海草或海绵，最上层可适当放海草或海绵，装好后喷洒海水。气温较高时（≥30℃），塑料泡沫箱内可适当加冰袋（或冷冻水瓶），但严禁冰袋（或冷冻水瓶）直接接触商品苗。用胶带封箱。

第二节　脉红螺增养殖技术规范

一、浅海筏式养殖

脉红螺浅海筏式养殖的环境条件要求见表6-3。养殖设施、设施设置及养殖水层等都参照《无公害食品　海湾扇贝养殖技术规范》（NY/T 5063—2001）之 8.1 中的规定。温度为5～25℃时，养殖可开始。养殖密度为直径30cm 的养殖笼每层3～5粒。投喂贻贝等低值双壳贝类，每20～30d 投饵一次，脉红螺与饵料湿重比为 1∶（15～20）。

表6-3　浅海筏式养殖环境条件要求

环境因子	要求
水质	参照《渔业水质标准》（GB 11607—1989）的规定
水深（m）	大潮期低潮时水深≥5
流速（cm/s）	10～40
水温（℃）	5～28
盐度	25～35
透明度（m）	≥0.6

在日常管理方面，及时清除敌害生物和刷洗附着物，查清养殖海区的藤壶、牡蛎等的产卵和附着时间及其幼体垂直分布与平面分布，尽量避开藤壶和牡蛎附着高峰期进行倒笼等生产操作；附着生物大量附着季节，应适当下降水层；大风浪来临前，应将整个筏架下沉，以减少损失。随着脉红螺的生长，体重增加，应及时增补浮漂，防止筏架下沉，使浮漂保持在水面将沉而未沉的状态。在幼苗体重≤12 粒/kg 时即可收获。

二、滩涂围网养殖

脉红螺滩涂围网养殖环境条件要求见表6-4。

表6-4　滩涂环境条件

环境因子	要求
水质	参照《渔业水质标准》（GB 11607—1989）的规定
水深（m）	大潮期低潮时水深为 0.1～0.5，大潮期高潮时水深为 1～3
流速（cm/s）	10～40
水温（℃）	5～28
盐度	25～35
底质	砾石或较硬的泥砂质

围网设施的组成和形状如图 6-1 所示，一般为方形或圆形，由尼龙网、支撑杆和沙袋等组成。

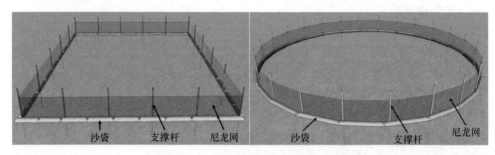

图 6-1　围网设施的组成和形状

尼龙网孔径需根据脉红螺苗种规格大小设定，以脉红螺不能逃逸为准，一般 ≤1cm。围网面积一般为 5～50m²，围网高度应高于大潮期高潮时水面 30cm 以上。温度为 10～25℃时可开始养殖，养殖密度一般为 5～20 粒/m²。投喂蓝蛤、贻贝等低值双壳贝类，每 5～7d 投饵一次，脉红螺与饵料湿重比为 1：（1～2）。定期检查脉红螺生长和死亡情况，定期检查围网破损及脉红螺逃逸情况。体重 ≤12 粒/kg 时收获。

三、人工鱼礁区增养殖

人工鱼礁类型主要包括石块礁、水泥构件礁、船礁等。人工鱼礁区环境条件要求见表 6-5。

表 6-5　人工鱼礁区环境条件要求

环境因子	要求
水质	参照《渔业水质标准》（GB 11607—1989）的规定
水深 (m)	大潮期低潮时水深为 1～30
水温 (℃)	5～28
盐度	25～35
底质	砾石或较硬的泥砂质

人工鱼礁区增养殖范围严格限定于人工鱼礁区内，严禁在双壳贝类增养殖区内进行脉红螺增养殖。人工鱼礁区应有丰富的牡蛎、贻贝等双壳贝类作为脉红螺的饵料。在温度为 10～25℃时可投苗。投苗密度应依据投放地点的底质和饵料数量不同而定，一般情况下为 2～4 粒/m²。潜水员定期监测脉红螺生长和死亡情况。体重 ≤12 粒/kg 时即可采捕。

四、应急处置

当毗连或增养殖海区有赤潮或溢油等事件发生时，应及时转移、收获或采捕，避免脉红螺受到污染。如果脉红螺已经受到污染，应就地销毁，严禁上市。

第三节　莱州湾海洋牧场脉红螺承载力评估

一、脉红螺承载力评估方法——EwE 模型

1. EwE 模型简介

EwE 模型是应用于水生生态系统的定量分析，特别是渔业管理与政策模拟，并可用于比较不同时期生态系统的时空动态变化，定量评估水生生态系统能量流动过程的一种营养平衡模型。EwE 模型进行定量分析与模拟，对渔业小型化的发展、渔业政策评估与优化、渔业与环境的相互影响和渔业与环境可持续发展进行了相应的评价，并提出了科学的管理对策。该模型定义生态系统是由一系列生态关联的功能组构成，所有功能组能够基本覆盖生态系统能量流动的全过程。根据热动力学原理，Ecopath 模型定义系统中每一个生物功能组的能量输入与输出保持平衡，这种能量平衡表示为

$$生产量–捕食死亡–其他自然死亡–产出量＝0$$

该模式用一组联立线性方程定义一个生态系统，其中每一个线性方程代表系统中的一个功能组。一个包含 n 个生物功能组的生态系统的 Ecopath 模型，可以用如下 n 个联立线性方程表示：

$$B_1 \times \left(\frac{P}{B}\right)_1 \times EE_1 - B_1 \times \left(\frac{Q}{B}\right)_1 \times DC_{11} - B_2 \times \left(\frac{Q}{B}\right)_2 \times DC_{21} \cdots\cdots B_n \times \left(\frac{Q}{B}\right)_n \times DC_{n1} - EX_1 = 0$$

$$B_2 \times \left(\frac{P}{B}\right)_2 \times EE_2 - B_1 \times \left(\frac{Q}{B}\right)_1 \times DC_{12} - B_2 \times \left(\frac{Q}{B}\right)_2 \times DC_{22} \cdots\cdots B_n \times \left(\frac{Q}{B}\right)_n \times DC_{n2} - EX_2 = 0$$

$$B_n \times \left(\frac{P}{B}\right)_n \times EE_n - B_1 \times \left(\frac{Q}{B}\right)_1 \times DC_{1n} - B_2 \times \left(\frac{Q}{B}\right)_2 \times DC_{2n} \cdots\cdots B_n \times \left(\frac{Q}{B}\right)_n \times DC_{nn} - EX_n = 0$$

式中，B_i 为功能组 i 的生物量；P_i 为功能组 i 的生产量；$(P/B)_i$ 为功能组 i 的生产量与生物量的比值；$(Q/B)_i$ 为功能组 i 的消耗量与生物量的比值；EE_i 为功能组 i 的生态营养学效率；EX_i 为功能组 i 的产出；DC_{ij} 为被捕食组 i 占捕食组 j 的总捕食物的比例。

Ecopath 软件对上述线性方程组求解，使方程表示的能量在生态系统每个功能组之间的流动保持平衡，定量生态系统中每个成分的生物学参数。建立 Ecopath

模型需要输入的基本参数 B_i、$(P/B)_i$、$(Q/B)_i$、EE_i、EX_i、DC_{ij}。前 4 个参数可以有一个是未知的，由模式通过其他参数计算出来，后两个参数，即食物组成矩阵 DC_{ij} 和产出 EX_i，则要求必须输入。

Ecosim 是在 Ecopath 的基础上，模拟捕捞强度的时间变化对生态系统影响的功能模块。它可以用下式表示：

$$\frac{\mathrm{d}B_i}{\mathrm{d}t} = g_i \sum_j C_{ij} - \sum_j C_{ij} + I_i - (M_i + F_i + e_i)B_i$$

式中，$\mathrm{d}B_i/\mathrm{d}t$ 是指功能 i 组在单位时间内（通常是一年）生物量的变化；g_i 为净生长效率；I_i 为迁入率；F_i 为捕捞死亡率；M_i 为其他自然死亡率；e_i 为迁出率；C_{ij} 指饵料 i 被 j 捕食的量。为了计算 C_{ij}，Ecosim 分为易捕食和不易捕食两部分，它们之间的关系可用下式表达：

$$C_{ij} = v_{ij}a_{ij}B_iB_j / (v_{ij} + V_{ij} + a_{ij}B_j)$$

式中，a_{ij} 表示捕食者 j 对饵料 i 的有效搜寻率；B_i 为饵料 i 的生物量；B_j 为捕食者 j 的生物量。参数 V 表示饵料在易捕食和不易捕食之间的转换率，参数取值为 0～1，系统默认为 0.5。

建立生态系统的 Ecopath 模型，首先要掌握该系统的生态学和生物学特性及地理特征，了解能量在生态系统中流动的全过程，考虑生态系统中能量从有机物经过初级生产、次级生产到顶级捕食者流动的每一个通道，根据掌握生态学和生物学资料的范围和深度来定义功能组的数量，保证所定义的功能组能够覆盖能量在系统中的全部流动过程。

在 Ecopath 模型中，能量在系统中的移动可以用能量形式（如 g C/m² 或湿重 t/km²）或营养形式（如 mg N/m² 或 mg P/m²）表示。模式假设生态系统中的能量流动在给定实践过程中保持恒定，能量流动的时间可以先定为 1 年或 1 个月等。确定了能量流动的单位和时间范围后，再确定系统的全部功能组和各个功能组在选定时间内的参数值，作为研究生态系统模型的输入参数。功能组生物量（biomass）与能量流动的单位是一样的，如湿重 t/km²，一般通过现场调查获得。生产生物量比（P/B）和消耗生物量比（Q/B）这两个参数具有相同的单位，它们的值可以根据渔业生态学数据计算出来。在生态系统平衡的情况下，鱼类 P/B 等于渔业生物学家经常使用的瞬间总死亡率（Z）。

2. EwE 模型中的各指标

（1）营养级的计算方法
营养级的计算所采用的公式为

$$TL_i = 1 + \sum_{j=1}^{n} DC_{ij} TL_j$$

式中，TL_i 生物 i 的营养级；TL_j 为生物 i 摄食饵料 j 的营养级。计算使用的初始营养层次（绿色植物）营养级数采用目前国际通用的营养级划分标准，即将第 1 营养层次的绿色植物定为 I 级；植食者为第 2 营养层次（初级消费者），营养级定为 II 级；以植食动物为食的肉食动物为第 3 营养层次（次级消费者），营养级定为 III 级；依次类推。DC_{ij} 为饵料 j 在生物 i 的食物中所占的比例。营养级（trophic level，TL）定义了功能群在生态系统中的营养位置，分析食物网营养相互作用的基础，可以表示为整数或者分数的形式。每一营养级的生态转换效率是这一营养级的生产量（输出和流动总和）与传递到下一营养级的生产量的比值，即被摄食消耗或者捕捞利用的比值。

（2）生态系统的总体特征参数

Ecopath 模型中包含诸多可以表示系统规模、稳定性和成熟度等系统特征的指标。系统总流量（total system throughput，TST）是表征系统总体规模的指标，它是总消耗量（total consumption，TC）、总输出量（total export，TEX）、总呼吸量（total respiratory flow，TR）及总流向碎屑能量（total flow into detritus，TDET）的总和。流向碎屑能量指各功能组中进入碎屑的能量总和，即进入分解者亚系统的量、包括摄食后未吸收的生物量、粪便、因疾病和生理死亡等而最终未被利用的能量总和。系统输出量（包括被捕捞和沉积脱离系统的量）是指流出生态系统，不再参与生态系统循环的能量。

净系统生产量（net system production，NSP）是总初级生产力和总呼吸量的差值。

连接指数（connectance index，CI）和系统杂食指数（system omnivory index，SOI）均是反应系统内部联系复杂程度的指标。

Finn's 循环指数（Finn's cycling index，FCI）是指系统中重新进入再循环的营养流总量与系统总流量的比值，而 Finn's 平均路径长度（Finn's mean path length，FML）是指每个循环流经食物链的平均长度。

聚合度 A 反映各个功能组间相互作用的程度。其他包括总生产量（total production，TP）、总初级生产力（calculated total net primary production，TPP）、总生物量（total biomass，TB）、总初级生产力/总生物量（TPP/TB）、总初级生产力/总呼吸量（TPP/TR）、渔获物的平均营养级（mean trophic level of the catch，TLc）、总捕捞效率（gross efficiency of the fishery）等。

平均能量传输效率是指每个营养级总能量中传递给另外一个营养级的比例。

林氏椎图（Lindeman spine）是一个简化的食物网形式，能直观地描述能量流动在营养级间的转移过程，以及各营养级间的能量传输效率。

生态网络分析功能能够计算评估生态系统成熟度和稳定性的生态指数、捕捞对生态系统影响程度的渔业指数。

（3）生态系统的生物承载力

将生物承载力定义为维持生态系统稳定的条件下，单位水体可维持某个种群或群体生存的最大生物量。为估算礁区海珍品的生物承载力，首先要构建反映礁区目前能量流动状态的 Ecopath 模型。通过逐步提高模型中目标种类的生物量，来代表实际生产中目标种类增殖规模的扩大，如果大幅度地提高某一目标种的生物量，势必会对系统内食性联系紧密的种类产生影响，同时引起系统能量流动的变化，Ecopath 模型必须调整其他参数使系统重新平衡，在反复迭代的过程中确定目标种的生态容纳量。因此，提高目标种的生物量直至发现系统中另一功能群的 $EE \geq 1$，此时系统允许的生物量即为生物承载力。

（4）模型的调试

Ecopath 模型的调试过程是使生态系统的输入和输出保持平衡，模型平衡满足的基本条件是：$0 < EE \leq 1$。EE（功能组的生态营养学效率）是一个较难获得的参数，在 Ecopath 模型的输入参数中，通常设大部分功能组的 EE 为未知数，当输入原始数据，初始参数化估计后，不可避免地得到一些功能组的 $EE > 1$（不平衡功能组），通过反复调整不平衡功能组的食物组成及其他参数，直至所有 $0 < EE \leq 1$，使能量在整个系统中的流动保持平衡，从而获得生态系统其他生态学参数的合理值。

（5）模型的不确定性分析

Ecopath 模型输入参数的不确定性可以通过 Pedigree 指数（简称 P 指数）来分析。参数来源的可靠性和准确度是影响 Ecopath 模型质量的主要因素。计算的 P 指数可以量化评价数据和模型的整体质量。对于每一个输入的参数，按照数据来源的质量进行排序（次序为直接策定、经验估算、来自其他模型、其他参考文献）。对于 B、P/B、Q/B 及 DC 等参数，不确定性的范围为 $0 \sim 1$。基于每个功能组的 P 指数，评价特定生态系统 Ecopath 模型的总体质量指标。P 指标可用下式计算：

$$P = \sum_{i=1}^{n} \frac{I_{ij}}{n}$$

式中，I_{ij} 为模型中功能组 i 的 P 指数；n 为总功能组数；j 为 B、P/B、Q/B、渔获量和食性参数。

为了确定 Ecopath 模型基本输入中未确定参数水平对模型精度的影响，以及输入数据在一定区间的变化率对估算数据变化率的影响程度，需要进行 Ecopath

模型建立中的数据敏感性分析，分析 4 类基本输入参数中 B、P/B、EE 对估算参数 B 的敏感性。模型通过模拟所有基本输入参数 B、P/B、EE、Q/B 以 10%的步长发生改变，变动范围为–50%～+50%，以测试这种变化对每个功能组缺省值的影响。

二、基于 EwE 模型的莱州湾海洋牧场脉红螺承载力评估

1. 莱州湾海洋牧场人工鱼礁生态系统的 Ecopath 模型质量分析

在 Ecopath 模型中，利用 Pedigree 指数分析模型的数据来源和质量，量化模型输入参数的不确定性。平衡的莱州湾海洋牧场人工鱼礁区 Ecopath 模型的输入参数和输出结果见表 6-6～表 6-8，该模型的 Pedigree 指数为 0.74（表 6-9），一般全球 Pedigree 指数处于 0.45～0.67，高于同类水生生态模型，说明该模型的构建质量高、模拟结果可信度高。

表 6-6　莱州湾海洋牧场模型功能组划分

编号	功能群	组成
1	牡蛎	太平洋牡蛎
2	脉红螺	
3	刺参	
4	大型软体类	枪乌贼
5	蛸类	长蛸、短蛸
6	日本蟳	
7	大型甲壳类	葛氏长臂虾、中国明对虾、红条鞭腕虾、鹰爪虾、脊尾白虾、日本鼓虾、三疣梭子蟹、隆线拳蟹、日本关公蟹、隆线强蟹、红线黎明蟹、瓷蟹、端正关公蟹
8	口虾蛄	
9	底层鱼类	鲮、鲻、长蛇鲻、石鲽、短吻红舌鳎、短鳍衔、褐牙鲆、方氏云鳚、小杜父鱼、黑鲷、冠海马
10	中上层鱼类	赤鼻棱鳀、蓝点马鲛、斑鰶、青鳞小沙丁鱼、多鳞鱚、黄鲫、白姑鱼、皮氏叫姑鱼、银鲳、小带鱼、假睛东方鲀
11	大泷六线鱼	
12	许氏平鲉 ii	
13	鰕虎鱼	斑尾刺鰕虎鱼、矛尾鰕虎鱼、中华栉孔鰕虎鱼、纹缟鰕虎鱼
14	底栖生物	海蛮、小头虫、薄荚蛏、经氏壳蛞蝓
15	浮游动物	桡足类、水母类、枝角类、毛颚类、被囊类、鞭毛虫类
16	浮游植物	圆筛藻、角毛藻、舟形藻
17	碎屑	水体有机物＋底泥有机物

表 6-7　功能群的原始输入参数值

编号	功能群	B	P/B	Q/B	EE	Un
1	牡蛎	507.465		10.5	0.95	0.4
2	脉红螺	50.833	0.26	2.82		
3	刺参	150（估）	0.6	3.36		0.4
4	大型软体类	0.156	2.0	7.0		
5	蛸类	0.004	2.8	7.0		
6	日本蟳	0.012	1.5	11.6		
7	大型甲壳类	0.06	8.0	20		
8	口虾蛄	0.038	0.8	2.8		
9	底层鱼类	0.143	0.5934	13.7384		
10	中上层鱼类	0.031	6	22.1		
11	大泷六线鱼	0.002（估）	0.9245	7.3		
12	许氏平鲉	0.002	1.0056	5.3		
13	鰕虎鱼	0.109	2.0	7.5131		
14	小型底栖生物	5.825	1.67	8.35		
15	浮游动物	5.055	65.7	240.0		
16	浮游植物	9.432	120			0.4
17	碎屑	24.879		输入碎屑：433.84		

注：B 的单位是 t/km^2，P/B 的单位是 a^{-1}，Q/B 的单位是 a^{-1}

表 6-8　莱州湾海洋牧场生态系统消费者食物组成情况

编号	饵料组	1	2	3	4	5	6	7	8	9	10	11	12	13	14	15
1	蛸类	0.2875														
2	中上层鱼类		0.153395	0.0894	0.05											
3	底层鱼类	0.05		0.0121	0.1	0.1										
4	许氏平鲉		0.0024													
5	大泷六线鱼		0.0024													
6	鰕虎鱼	0.45(0.05)	0.00522	0.022	0.1		0.419485(0.2)	0.1								
7	日本蟳	0.175(0.575)														
8	口虾蛄	0.0375	0.00826	0.04		0.1										
9	大型甲壳类		0.05226	0.0609	0.7	0.6	0.360765(0.111)									
10	其他头足类		0.01165	0.023	0.05	0.1	0.04395(0.063)									
11	脉红螺															
12	刺参															
13	底栖动物		0.073137	0.2681			0.1758		0.9	0.75	0.878	0.05				
14	牡蛎												1.0			
15	浮游动物		0.663354	0.0037		0.1			0.25	0.122	0.95				0.5(0)	0.2
16	浮游植物		0.027924	0.0615											0.5(0.3)	0.8
17	碎屑			0.4193								1.0	1.0	0.55		
18	输入						(0.45)								0.15	
19	总和	1.0	1.0	1.0	1.0	1.0		1.0	1.0	1.0	1.0	1.0	1.0	1.0	1.0	1.0

注：括号内粗体数字代表构建 Ecopath 模型时，经调试后最终确定的食性组成数据

2. 莱州湾海洋牧场人工鱼礁区生态系统的总体特征

Odum 评价生态系统的 24 项指标是基于能量学、营养物质循环、种群和群落结构、生态系统稳定性和总体策略 5 个方面。本部分的 19 项量化指标说明，莱州湾海洋牧场生态系统处于不稳定、食物网线性化、有过度捕捞问题的未成熟生态系统状态。

模型结果显示，莱州湾海洋牧场人工鱼礁区总流量高达 10486.49 t/(km^2·a)，总生产量为 2874.65 t/(km^2·a)，总消耗量为 5083.70 t/(km^2·a)（表 6-9）。系统总初级生产力和总呼吸量比值（TPP/TR）、系统连接指数和系统杂食指数是表明生态系统成熟程度的关键指标。

TPP/TR 值是说明生态系统成熟程度的主要指标。在生态系统发育初期，系统 TPP/TR 值大于 1；在成熟的生态系统中，TPP/TR 值约等于 1，而在一些特殊的有大量有机物输入的系统中，TPP/TR 值可能小于 1，莱州湾海洋牧场的 TPP/TR 为 0.83（表 6-9）。这说明莱州湾海洋牧场依赖大量外界营养物质输入来维持生态系统平衡。

表 6-9　莱州湾海洋牧场人工鱼礁区生态系统总体特征参数

参数	数值	单位
总消耗量	5083.70	t/(km^2·a)
总输出量	142.09	t/(km^2·a)
总呼吸量	2725.19	t/(km^2·a)
总流入碎屑量	2535.51	t/(km^2·a)
系统总产出量	10486.49	t/(km^2·a)
总生产量	2874.65	t/(km^2·a)
渔获平均营养级	2.36	
总效率（捕捞量/净初级生产力）	0.02	
计算的总净初级生产力	2263.68	t/(km^2·a)
总初级生产力/总呼吸量	0.83	
净系统产量	−461.51	t/(km^2·a)
总初级生产量/总生物量	4.32	
总生物量/总系统产出	0.05	
总生物量（排除碎屑）	523.76	t/(km^2·a)
总渔获量	50.20	t/(km^2·a)
连接指数	0.21	
系统杂食指数	0.16	
Pedigree 指数	0.74	
香农多样性指数	1.11	

系统连接指数和系统杂食指数是反映系统内部联系复杂程度的指标。越是成熟的生态系统各功能组间联系越强，系统越稳定，成熟生态系统的系统连接指数和系统杂食指数接近 1。莱州湾海洋牧场人工鱼礁区的系统连接指数和系统杂食指

数分别为 0.21 和 0.16（表 6-9），表明生态系统的内部联系复杂程度很低。

Finn's 循环指数是系统中循环流量和总流量的比值，Finn's 循环指数平均路径长度是每个循环流经食物链的平均长度。成熟生态系统的特征之一是物质再循环的比例高，且营养流所经过的食物链长。莱州湾海洋牧场生态系统的 Finn's 循环指数仅为 8.012%，Finn's 平均路径长度为 2.425（表 6-10）。

表 6-10　莱州湾海洋牧场人工鱼礁区的能流平均步长

参数	数值	单位
循环输出量（排除碎屑量）	303.3	t/(km²·a)
捕食循环指数	12.46	%
循环输出量（包括碎屑量）	322.6	t/(km²·a)
Finn's 循环指数	8.012	%
Finn's 平均步长	2.425	
Finn's straight—through 步长	2.333	不包括碎屑
Finn's straight—through 步长	2.231	有碎屑

总体来看，莱州湾海洋牧场的主要指标与 Odum 提出的成熟生态系统相比差别很大，属于发展中的"幼态"生态系统。莱州湾海洋牧场生态系统主要指标反映得到能量学特征表现为系统总生产量很大，总初级生产量低于系统总呼吸量；营养物质循环特征表现为再循环比例很低，营养物质停留与保存时间很短；物种与群落结构特征表现为种类组成较为简单，物种多样性较低，以生命周期短、个体较小、生长较快的选择种类为主；稳定性和总体策略特征表现为抗干扰能力很差，能量和营养物质利用效率低于一般自然生态系统。

3. 莱州湾海洋牧场脉红螺营养级及人工鱼礁生态系统的能流分析

为简化复杂的食物网关系，Ecopath 模型将整个生态系统来自不同功能组的营养流合并为数个整数营养级。莱州湾海洋牧场人工鱼礁区生态系统能量流动绝大部分在前 6 个整数营养级间发生（表 6-11）。系统中 17 个功能组的营养级为 1～4.12，其中脉红螺营养级为 3.01（表 6-12）。

平均能量传输效率是指每个营养级总能量中传递给另外一个营养级的比例。每个营养级的传输效率等于其输出和被摄食的量之和与其营养流总量的比值。莱州湾海洋牧场人工鱼礁生态系统总体能量传输效率中，来自初级生产者和碎屑能的平均传输效率分别达到 7.64% 和 10.17%，总体平均能量传输效率为 9.11%。能量中来自碎屑的比例为 56%，而直接来源于初级生产者的比例为 44%（表 6-11）。这反映了碎屑和初级生产者（浮游植物）对次级生产力的贡献，表明系统的能流通道以牧食食物链和碎屑食物链为主。

表 6-11　各营养级的传输效率 (%)

来源/营养级	II	III	IV	V	VI	VII
初级生产者	3.365	10.34	12.8	15.5	14.75	
碎屑	5.329	13.61	14.49	15.52	14.61	
所有流动	4.395	12.2	14.11	15.51	14.68	14.49
源于碎屑的总流比例	56					
转换效率						
来自初级生产者	7.64					
来自碎屑	10.17					
总值	9.11					

表 6-12　模型输出各生物功能组营养级和生态营养学效率值（加粗部分）

编号	组名	营养级	生物量（t/km^2）	P/B（a^{-1}）	Q/B（a^{-1}）	生态营养效率
1	蛸类	3.77	1	2.8	7	0.98
2	中上层鱼类	3.46	0.05	6	22.1	0.88
3	底层鱼类	2.83	0.14	5	13.74	0.58
4	许氏平鲉	4.12	0.07	1.01	5.3	0.82
5	大泷六线鱼	3.85	0.05	0.92	7.3	0.81
6	鰕虎鱼类	3.82	0.15	3	7.51	0.73
7	日本蟳	3	0.8	4	11.6	0.88
8	口虾蛄	3.06	0.1	0.8	2.8	0.88
9	大型甲壳类	3.03	0.1	8	20	0.98
10	大型软体类	3.24	0.16	2.8	7	0.94
11	脉红螺	3.01	50.83	0.32	2.82	0.98
12	海参	2	150	0.6	3.36	0.36
13	小型底栖生物	2	5.83	2.2	8.35	0.88
14	牡蛎	2.01	300	0.5	10.5	0.95
15	浮游动物	2.25	5.05	65.7	240	0.78
16	浮游植物	1	9.43	240		0.98
17	碎屑	1	24.88			0.96

营养级的流量是指单位时间内流经某个营养级的所有营养流的量。每个营养级的总流量由输出、被捕食、呼吸和流至碎屑量共同组成。莱州湾海洋牧场生态系统营养流通的主要途径包括 2 条：一条是牧食食物链，浮游植物－浮游动物－底栖甲壳类、牡蛎－渔业捕捞和中高级鱼类群落、脉红螺；另一条是碎屑食物链，再循环的有机物质－碎屑－小型底栖生物、刺参－渔业捕捞和中高级鱼类群落。莱州湾海洋牧场人工鱼礁区生态系统的能量效率很低。来自初级生产者的能量在营养级 II 的传输效率仅为 3.37%，来自碎屑的能量在营养级 II 的传输效率为 5.33%，系

统平均值仅为 4.40%（表 6-11）。该值远远低于自然生态系统中 10%的能量传递效率值，究其原因，可能是由于近年来莱州湾海域富营养化加剧，海洋牧场生态系统生物多样性降低、食物网趋于简单，从而导致物质循环和能量流动不畅。

4. 莱州湾海洋牧场人工鱼礁区的 Ecosim 模拟结果分析

Ecosim 模型通过设置参数脆弱性，模拟捕食者和被捕食者的相互关系（上行控制、下行控制、混合营养控制），本项目中将参数脆弱性初始值设为混合营养控制模式（v_{ij}=2）；通过引入时间强制序列调试参数脆弱性，采用的时间驱动变量是渔业产量（表 6-13）。

表 6-13　捕捞资源量　　　　　　　　　（单位：t/km²）

种类	F in 2014	F in 2015	F in 2016
脉红螺肉重	1.56	25.00	29.69
海参	0.19	28.12	32.81
蛸类	0.82	0.33	0.20
日本蟳	0.33	1.30	0.20
口虾蛄	0.05	0.03	0.005
大泷六线鱼	0.04	0.20	0.04
许氏平鲉	0.07	0.08	0.007
鰕虎鱼类	0.03	0.13	0.03

Ecosim 模型可以用来评估渔业对生态系统的影响，主要评估指数有渔获物的平均营养级（the mean trophic level of fishery catch，TLc）、Shannon 多样性指数、Kemptons'Q 指数及总捕捞量等（图 6-2～图 6-6）。

渔获物的平均营养级作为海洋营养指数之一，可以衡量海洋生态系统的生物多样性水平。本研究基于时间强制序列，利用莱州湾海洋牧场 Ecosim 模型模拟评估了渔业捕捞对海洋牧场人工鱼礁区生态系统渔获物的平均营养级、总捕捞量、Shannon 多样性指数、Kemptons'Q 指数等的变动情况。研究发现 Shannon 多样性指数在 2015 年达到最大值，随后会逐步下降，在 2025 年后会有少量上升。Kemptons'Q 指数在 2014～2032 年处于波动状态，随着捕捞产量的大幅度下降，渔获平均营养级也有所下降，生态系统平衡受到破坏。

Ecosim 模型同时模拟了 2014～2032 年人工鱼礁区内脉红螺等资源的相对生物量（当年生物量/初始生物量）的动态变化，结果如图 6-5 所示。结果表明，在渔业生产产量时间序列驱动下，脉红螺生物量开始下降，然后逐步趋近于一个极限平衡数值。

5. 脉红螺的生物承载力估算

脉红螺的生物量、Q/B、捕食死亡率、总死亡率、索饵时间、饵料率、渔获量等见图 6-6。脉红螺含壳重为 $145\sim200$ t/km^2，以个体均重 54g 为计，$3\sim4$ 个/m^2，建议捕捞量为估算资源量的 50% 以下。模型所模拟的生物承载力更强调理论最大限制值，但在实际渔业生产管理中，广泛采用得是最大持续产量（MSY）理论，当 MSY 等于生物承载力的一半时，增殖生物生长率较高。生物承载力本身是一个动态变化的过程，种群时空变化和沿岸生态环境变化均对其产生影响。

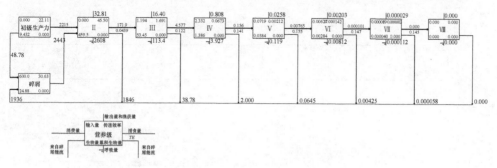

图 6-2 莱州湾海洋牧场生态系统 Lindeman spine 图

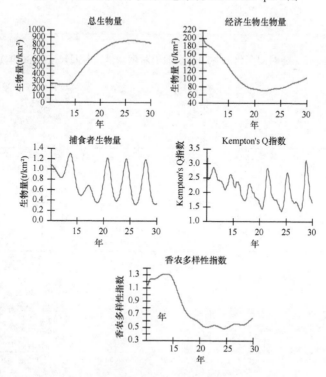

图 6-3 基于生物量的 Ecosim 模拟（时间尺度为 30 年）

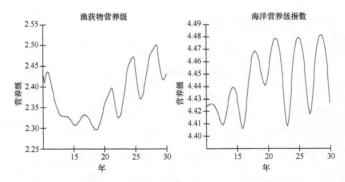

图 6-4　基于营养级的 Ecosim 模拟（时间尺度为 30 年）

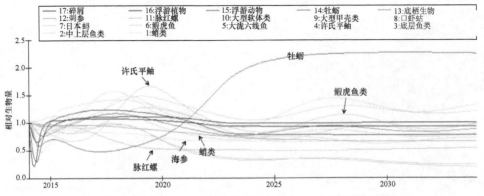

图 6-5　随时间变化的各功能组的相对生物量（时间尺度为 30 年）

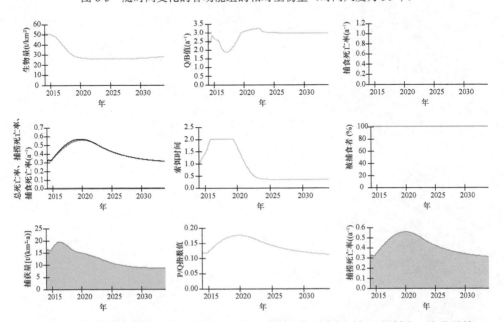

图 6-6　脉红螺的生物量、Q/B、捕食死亡率、总死亡率、索饵时间、饵料率、渔获量等

主要参考文献

张涛, 张立斌, 王培亮, 等. DB37/T 2773—2016 脉红螺苗种繁育技术规范.

张涛, 张立斌, 王培亮, 等. DB37/T 2926—2017 脉红螺增养殖技术规范.

Min Xu, Lu Qi, Li-bing Zhang, et al. 2019. Ecosystem attributes of trophic models before and after construction of artificial oyster reefs using Ecopath. Aquacult. Environ. Interact., 11: 111-127.